Encyclopedia of Weapons

武器大百科系列

航空母舰大百科

军情视点 编

化学工业出版社
·北京·

本书全面收录了第一次世界大战以来世界各国设计建造的160艘航空母舰，涵盖了大型航空母舰、中型航空母舰、小型航空母舰、"准航空母舰"等多种舰型。对于每艘航空母舰，均以简洁精练的文字介绍了建造历史、设计构造、作战性能及服役情况等方面的知识。此外，还重点介绍了40款航空母舰舰载机。为了增强阅读趣味性，并加深读者对航空母舰及其舰载机的认识，书中不仅配有详细的数据表格，还增加了有趣的小知识，使读者对航空母舰和舰载机有更全面且细致的了解。

本书不仅是广大青少年朋友学习军事知识的不二选择，也是军事爱好者收藏的绝佳对象。

图书在版编目(CIP)数据

航空母舰大百科 / 军情视点编. —北京：化学工业出版社，2020.7（2025.1重印）
（武器大百科系列）
ISBN 978-7-122-36785-3

Ⅰ．①航… Ⅱ．①军… Ⅲ．①航空母舰-世界-青少年读物 Ⅳ．①E925.671-49

中国版本图书馆CIP数据核字（2020）第080114号

责任编辑：徐　娟　冯国庆　　　　　　　　　　　　装帧设计：中海盛嘉
责任校对：王鹏飞　　　　　　　　　　　　　　　　封面设计：刘丽华

出版发行：化学工业出版社(北京市东城区青年湖南街13号　邮政编码100011)
印　　装：河北京平诚乾印刷有限公司
710mm×1000mm　1/12　印张17　字数 350千字　2025年1月北京第1版第5次印刷

购书咨询：010-64518888　　　　　　售后服务：010-64518899
网　　址：http://www.cip.com.cn
凡购买本书，如有缺损质量问题，本社销售中心负责调换。

定　价：88.00元　　　　　　　　　　　　　　　　　　　　　版权所有　违者必究

前言

　　航空母舰（Aircraft Carrier）起源于第一次世界大战（以下简称一战），当时海军用飞机进行侦察与攻击敌军侦察机，因此出现了专门供水上飞机整备与其他双翼机起飞的水上飞机母舰。不过，在第二次世界大战（以下简称二战）以前，处于早期发展阶段的航空母舰在战争中发挥的作用并不大。到了二战时期，航空母舰被广泛运用，尤其是在太平洋战争的战场上起了决定性作用。从日本航空母舰偷袭珍珠港，到双方舰队从始至终没有见面的珊瑚海海战，再到运用航空母舰编队进行海上决战的中途岛海战，航空母舰逐步取代战列舰成为现代远洋舰队的主干。

　　二战后，人类没有再发生大规模的世界性战争，但局部战争和军事冲突时有发生。这一时期，拥有大量航空母舰并经常将其投入实战的只有美国。据统计，自1964年以来，美国在世界各地以武力进行干预的突发事件达200多起，其中运用海军兵力的就占了2/3以上，而其中大部分行动都有航空母舰的参与。

　　时至今日，航空母舰已成为最大的武器系统平台，是现代海军不可或缺的武器，也是海战最重要的作战舰艇之一。目前，美国、英国、法国、俄罗斯、印度等国家仍在大力发展航空母舰。一些没有自主建造能力的国家，为了增强本国海军实力，也从别国购买了航空母舰，例如泰国从西班牙购买的"查克里·纳吕贝特"号航空母舰。

　　本书全面收录了一战以来世界各国设计建造的160艘航空母舰，涵盖了大型航空母舰、中型航空母舰、小型航空母舰、"准航空母舰"等多种舰型。对于每艘航空母舰，均以简洁精练的文字介绍了建造历史、设计构造、作战性能及服役情况等方面的知识。此外，还重点介绍了40款航母舰载机。为了增强阅读趣味性，并加深读者对航空母舰及其舰载机的认识，书中不仅配有详细的数据表格，还增加了有趣的小知识，使读者对航空母舰和舰载机有更全面且细致的了解。

　　作为传播军事知识的科普读物，最重要的就是内容的准确性。本书的相关数据资料均来源于国外知名军事媒体和军工企业官方网站等权威途径，坚决杜绝抄袭拼凑和粗制滥造。在确保准确性的同时，我们还着力增加趣味性和观赏性，尽量做到将复杂的理论知识用简明的语言加以说明，并添加了大量精美的图片。因此，本书不仅是广大青少年朋友学习军事知识的不二选择，也是军事爱好者收藏的绝佳对象。

　　参加本书编写的有丁念阳、黄萍、黄成等。

　　由于编者水平有限，加之军事资料来源的局限性，书中难免存在疏漏之处，敬请广大读者批评指正。

编　者

2020年3月

目 录
Contents

第1章 航空母舰百科 ···································· 1
航空母舰的历史 ···································· 2
航空母舰的分类 ···································· 5
航空母舰的构造 ···································· 7
舰载机起飞方式 ···································· 11

第2章 现役航空母舰 ································ 13
美国"尼米兹"号航空母舰（CVN-68） ········ 14
美国"德怀特·D. 艾森豪威尔"号航空母舰（CVN-69）··· 15
美国"卡尔·文森"号航空母舰（CVN-70） ········ 16
美国"西奥多·罗斯福"号航空母舰（CVN-71） ···· 17
美国"亚伯拉罕·林肯"号航空母舰（CVN-72） ···· 18
美国"乔治·华盛顿"号航空母舰（CVN-73） ······ 19
美国"约翰·C. 斯坦尼斯"号航空母舰（CVN-74）··· 20
美国"哈利·S. 杜鲁门"号航空母舰（CVN-75） ··· 21
美国"罗纳德·里根"号航空母舰（CVN-76） ······ 22
美国"乔治·H. W. 布什"号航空母舰（CVN-77） ·· 23
美国"杰拉德·R. 福特"号航空母舰（CVN-78） ··· 24
美国"约翰·F. 肯尼迪"号航空母舰（CVN-79） ··· 25
苏联/俄罗斯"库兹涅佐夫"号航空母舰（063）··· 26
英国"伊丽莎白女王"号航空母舰（R08） ········ 27
英国"威尔士亲王"号航空母舰（R09） ·········· 28
法国"夏尔·戴高乐"号航空母舰（R91） ········ 29
意大利"朱塞佩·加里波第"号航空母舰（CVH-551）··· 30
意大利"加富尔"号航空母舰（CVH-550）········ 31
印度"维兰玛迪雅"号航空母舰（R33） ·········· 32
印度"维克兰特"号航空母舰（IAC-1） ·········· 33
泰国"查克里·纳吕贝特"号航空母舰（CVH-911）··· 34

第3章 冷战时期的航空母舰 ················· 35
美国"中途岛"号航空母舰（CVB-41） ·········· 36
美国"富兰克林·D. 罗斯福"号航空母舰（CVB-42）··· 37

美国"珊瑚海"号航空母舰（CVB-43） ·········· 38
美国"福莱斯特"号航空母舰（CV-59） ·········· 39
美国"萨拉托加"号航空母舰（CV-60） ·········· 40
美国"游骑兵"号航空母舰（CV-61） ············ 41
美国"独立"号航空母舰（CV-62） ·············· 42
美国"小鹰"号航空母舰（CV-63） ·············· 43
美国"星座"号航空母舰（CV-64） ·············· 44
美国"美利坚"号航空母舰（CV-66） ············ 45
美国"约翰·F. 肯尼迪"号航空母舰（CV-67） ···· 46
美国"企业"号航空母舰（CVN-65） ············ 47
苏联/俄罗斯"基辅"号航空母舰 ················ 48
苏联/俄罗斯"明斯克"号航空母舰 ·············· 48
苏联/俄罗斯"诺沃罗西斯克"号航空母舰 ········ 49
苏联/俄罗斯"戈尔什科夫"号航空母舰 ·········· 49
苏联/乌克兰"乌里杨诺夫斯克"号航空母舰 ······ 50
英国"鹰"号航空母舰（R05） ·················· 51
英国"皇家方舟"号航空母舰（R09） ············ 52
英国"巨人"号航空母舰（R15） ················ 53
英国"光荣"号航空母舰（R62） ················ 54
英国"海洋"号航空母舰（R68） ················ 54
英国"珀尔修斯"号航空母舰（R51） ············ 55
英国"先锋"号航空母舰（R76） ················ 55
英国"忒修斯"号航空母舰（R64） ·············· 56
英国"凯旋"号航空母舰（R16） ················ 56
英国"尊敬"号航空母舰（R63） ················ 57
英国"复仇"号航空母舰（R71） ················ 57
英国"勇士"号航空母舰（R31） ················ 58
英国"半人马"号航空母舰（R06） ·············· 58
英国"阿尔比恩"号航空母舰（R07） ············ 59
英国"壁垒"号航空母舰（R08） ················ 59
英国"竞技神"号航空母舰（R12） ·············· 60
英国"无敌"号航空母舰（R05） ················ 61
英国"卓越"号航空母舰（R06） ················ 62

英国"皇家方舟"号航空母舰（R07） ········ 63
法国"克莱蒙梭"号航空母舰 ················ 64
法国"福煦"号航空母舰 ······················ 65
巴西"圣保罗"号航空母舰（A12） ········ 66
澳大利亚"墨尔本"号航空母舰（R21） ·· 67
澳大利亚"悉尼"号航空母舰（R17） ···· 67
加拿大"宏伟"号航空母舰（CVL 21） ·· 68
加拿大"博纳旺蒂尔"号航空母舰（CVL 22） ·· 68
印度"维克兰特"号航空母舰（R11） ···· 69
印度"维拉特"号航空母舰（R22） ········ 69
西班牙"阿斯图里亚斯亲王"号航空母舰（R-11） ·· 70

第4章 二战时期的航空母舰 ············ 71

美国"兰利"号航空母舰（CV-1） ········ 72
美国"列克星敦"号航空母舰（CV-2） ·· 73
美国"萨拉托加"号航空母舰（CV-3） ·· 74
美国"游骑兵"号航空母舰（CV-4） ······ 75
美国"约克城"号航空母舰（CV-5） ······ 76
美国"企业"号航空母舰（CV-6） ·········· 77
美国"大黄蜂"号航空母舰（CV-8） ······ 78
美国"胡蜂"号航空母舰（CV-7） ·········· 79
美国"埃塞克斯"号航空母舰（CV-9） ·· 80
美国"约克城"号航空母舰（CV-10） ···· 81
美国"无畏"号航空母舰（CV-11） ········ 82
美国"大黄蜂"号航空母舰（CV-12） ···· 83
美国"富兰克林"号航空母舰（CV-13） ·· 84
美国"提康德罗加"号航空母舰（CV-14） ·· 85
美国"伦道夫"号航空母舰（CV-15） ···· 86
美国"列克星敦"号航空母舰（CV-16） ·· 86
美国"邦克山"号航空母舰（CV-17） ···· 87
美国"胡蜂"号航空母舰（CV-18） ········ 88
美国"汉考克"号航空母舰（CV-19） ···· 88
美国"本宁顿"号航空母舰（CV-20） ···· 89
美国"拳师"号航空母舰（CV-21） ········ 90
美国"好人理查德"号航空母舰（CV-31） ·· 91
美国"莱特"号航空母舰（CV-32） ········ 92
美国"奇沙治"号航空母舰（CV-33） ···· 92
美国"奥里斯卡尼"号航空母舰（CV-34） ·· 93

美国"安提坦"号航空母舰（CV-36） ···· 94
美国"普林斯顿"号航空母舰（CV-37） ·· 95
美国"香格里拉"号航空母舰（CV-38） ·· 96
美国"尚普兰湖"号航空母舰（CV-39） ·· 97
美国"塔拉瓦"号航空母舰（CV-40） ···· 97
美国"福吉谷"号航空母舰（CV-45） ···· 98
美国"菲律宾海"号航空母舰（CV-47） ·· 98
美国"独立"号航空母舰（CVL-22） ······ 99
美国"普林斯顿"号航空母舰（CVL-23） ·· 100
美国"贝劳森林"号航空母舰（CVL-24） ·· 101
美国"科本斯"号航空母舰（CVL-25） ·· 102
美国"蒙特利"号航空母舰（CVL-26） ·· 103
美国"兰利"号航空母舰（CVL-27） ···· 104
美国"卡伯特"号航空母舰（CVL-28） ·· 105
美国"巴丹"号航空母舰（CVL-29） ······ 106
美国"圣哈辛托"号航空母舰（CVL-30） ·· 107
美国"塞班岛"号航空母舰（CVL-48） ·· 108
美国"莱特"号航空母舰（CVL-49） ···· 109
英国"百眼巨人"号航空母舰（I49） ···· 110
英国"报复"号航空母舰（48） ············ 111
英国"竞技神"号航空母舰（95） ·········· 112
英国"暴怒"号航空母舰（47） ·············· 113
英国"勇敢"号航空母舰（50） ·············· 114
英国"光荣"号航空母舰（77） ·············· 115
英国"鹰"号航空母舰（94） ·················· 115
英国"皇家方舟"号航空母舰（91） ······ 116
英国"光辉"号航空母舰（87） ·············· 117
英国"可畏"号航空母舰（67） ·············· 118
英国"胜利"号航空母舰（R38） ············ 119
英国"不挠"号航空母舰（92） ·············· 120
英国"独角兽"号航空母舰（I72） ········ 121
英国"怨仇"号航空母舰（R86） ············ 122
英国"不倦"号航空母舰（R10） ············ 123
法国"贝阿恩"号航空母舰 ···················· 124
德国"齐柏林伯爵"号航空母舰 ············ 125
日本"凤翔"号航空母舰 ······················ 126
日本"赤城"号航空母舰 ······················ 127
日本"加贺"号航空母舰 ······················ 128

日本"龙骧"号航空母舰 …………………………… 129
日本"苍龙"号航空母舰 …………………………… 130
日本"飞龙"号航空母舰 …………………………… 131
日本"祥凤"号航空母舰 …………………………… 132
日本"瑞凤"号航空母舰 …………………………… 133
日本"龙凤"号航空母舰 …………………………… 134
日本"千岁"号航空母舰 …………………………… 135
日本"千代田"号航空母舰 ………………………… 136
日本"翔鹤"号航空母舰 …………………………… 137
日本"瑞鹤"号航空母舰 …………………………… 138
日本"飞鹰"号航空母舰 …………………………… 139
日本"隼鹰"号航空母舰 …………………………… 140
日本"大凤"号航空母舰 …………………………… 141
日本"云龙"号航空母舰 …………………………… 142
日本"天城"号航空母舰 …………………………… 143
日本"葛城"号航空母舰 …………………………… 144
日本"信浓"号航空母舰 …………………………… 145
日本"伊吹"号航空母舰 …………………………… 146

第5章　"准航空母舰" …………………………… 147

美国"美利坚"号两栖攻击舰（LHA-6） …………… 148
苏联/俄罗斯"莫斯科"号反潜巡洋舰（108） ……… 149
苏联/俄罗斯"列宁格勒"号反潜巡洋舰（109） …… 150
法国"圣女贞德"号航空巡洋舰（R97） …………… 151
西班牙"胡安·卡洛斯一世"号战略投送舰（L-61） … 152
澳大利亚"堪培拉"号两栖攻击舰（L02） ………… 153
澳大利亚"阿德莱德"号两栖攻击舰（L01） ……… 154
日本"日向"号直升机护卫舰（DDH-181） ………… 155
日本"伊势"号直升机护卫舰（DDH-182） ………… 156
日本"出云"号直升机护卫舰（DDH-183） ………… 157
日本"加贺"号直升机护卫舰（DDH-184） ………… 158
韩国"独岛"号两栖攻击舰（LPH-6111） …………… 159

第6章　舰载机 …………………………………… 160

美国F4U"海盗"战斗机 …………………………… 161
美国F6F"地狱猫"战斗机 ………………………… 161
美国F-4"鬼怪"Ⅱ战斗机 ………………………… 162
美国F-6"天光"战斗机 …………………………… 163
美国F-8"十字军"战斗机 ………………………… 164
美国F-11"虎"式战斗机 …………………………… 165
美国F-14"雄猫"战斗机 …………………………… 166
美国F/A-18"大黄蜂"战斗/攻击机 ……………… 167
美国F-35C"闪电"Ⅱ战斗机 ……………………… 168
美国A-1"天袭者"攻击机 ………………………… 169
美国A-2"野蛮人"攻击机 ………………………… 170
美国A-3"空中战士"攻击机 ……………………… 171
美国A-4"天鹰"攻击机 …………………………… 172
美国A-5"民团团员"攻击机 ……………………… 173
美国A-6"入侵者"攻击机 ………………………… 174
美国A-7"海盗"Ⅱ攻击机 ………………………… 175
美国AV-8B"海鹞"Ⅱ攻击机 …………………… 176
美国S-2"搜索者"反潜机 ………………………… 177
美国S-3"维京"反潜机 …………………………… 178
美国E-2"鹰眼"预警机 …………………………… 179
美国EA-6"徘徊者"电子战飞机 ………………… 180
美国EA-18G"咆哮者"电子战飞机 ……………… 181
美国C-2"灰狗"运输机 …………………………… 182
美国V-22"鱼鹰"倾转旋翼机 …………………… 183
美国SH-2"海妖"直升机 ………………………… 184
美国SH-3"海王"直升机 ………………………… 185
美国SH-60"海鹰"直升机 ………………………… 186
苏联雅克-38战斗机 ……………………………… 187
俄罗斯苏-33战斗机 ……………………………… 188
俄罗斯米格-29K战斗机 ………………………… 189
苏联/俄罗斯卡-25直升机 ………………………… 190
苏联/俄罗斯卡-27直升机 ………………………… 191
英国"弯刀"战斗机 ………………………………… 192
英国"海雌狐"战斗机 ……………………………… 192
英国"海鹞"战斗/攻击机 ………………………… 193
英国"塘鹅"反潜机 ………………………………… 194
法国"阵风"M战斗机 …………………………… 195
法国"超军旗"攻击机 ……………………………… 196
法国"贸易风"反潜机 ……………………………… 197
日本"零"式战斗机 ………………………………… 197

参考文献 …………………………………………… 198

航空母舰百科

第1章

航空母舰是以舰载机为主要武器并作为其海上活动基地的大型水面战斗舰艇，是海军水面战斗舰艇的最大舰种。航空母舰主要用于攻击水面舰艇、潜艇和运输舰船，袭击海岸设施和陆上战略目标，夺取作战海区的制空权和制海权，支援登陆和抗登陆作战。

航空母舰的历史

航空母舰是飞机与军舰结合的产物,航空母舰的历史与飞机的历史一样悠久。在美国莱特兄弟于1903年发明飞机后短短7年,法国人亨利·法布尔(Henri Fabre)就制造出了世界上第一种水上飞机,令飞机的起降范围自陆地延伸至海上。1910年11月14日,美国飞行员尤金·伊利于停泊在港内的"伯明翰"号轻型巡洋舰的木质甲板上驾驶寇蒂斯D型(Curtiss Model D)双翼机,成功离舰起飞,并降落到"宾夕法尼亚"号巡洋舰上,创下人类首次于军舰上起降飞机的纪录。

▲ 亨利·法布尔制造的水上飞机

当时,一些颇有远见的人士开始以各种方式促使军方建立海军航空兵,美国人格伦·寇蒂斯(Glenn Curtiss)甚至进行了一场公开试验,亲自驾驶飞机投掷武器攻击港内停泊的靶船。然而,当时各国海军仍在进行建造"无畏舰"的军备竞赛,建设海军航空兵仍算是非常前卫的思想,所以并没有得到重视。

虽然如此,水上飞机的发明仍然受到各国海军的瞩目,英国建造了世界上第一种专门整备水上飞机的舰船——"竞技神"号水上飞机母舰,并在1912年5月成立了世界上第一支海军航空兵,日本、意大利、德国、俄国也随之跟进发展水上飞机母舰。水上飞机是航空母舰的发端,在其诞生后不久,第一次世界大战(以下简称一战)便轰然爆发,英国是唯一将其使用于海上作战的国家,在传统大规模战列舰决战的日德兰海战后,提出水上侦察机有助于战局发展的意见,并要搭配保护它的战斗机。因此,没有飞行甲板、无法供战斗机起飞的水上飞机母舰已无法满足作战需求,必须重新设计另一种新军舰,这便是后来的航空母舰。

1917年,时任英国海军总司令戴维·贝蒂下令将"暴怒"号巡洋舰(勇敢级)加装大型飞行甲板,改装成航空母舰,并做了一系列的试验。"暴怒"号的外形犹如巡洋舰与航空母舰的结合体(类似原始的航空巡洋舰),前方有多座舰炮炮塔,后方则是长直的甲板,舰载机起飞没有问题,但降落时会受到上层建筑气流影响而十分危险。为了解决这个问题,原先另一艘要建造为航空母舰的远洋邮轮"罗索伯爵"号被下令改装去除掉所有上层建筑,变成全通式甲板,而后被命名为"百眼巨人"号。

1923年,英国建造了"竞技神"号航空母舰,其为英国第一艘专门设计建造的航空母舰,拥有许多现代航空母舰的特点:全通式甲板、封闭式舰艏以及位于右舷的岛式上层建筑。在此时期,日本和美国也拥有了航空母舰,前者的第一艘航空母舰——"凤翔"号,是世界上最先服役的专门设计建造的航空母舰(因"竞技神"号的工程进度缓慢,导致较晚开工建造的"凤翔"号较早下水);后者的第一艘航空母舰则是由"朱比特"号运煤船改装而成,被命名为"兰利"号,同样拥有全通式甲板。美国海军在"兰利"号上发展了许多新技术,如弹射器、降落指挥官制度、拦阻网等。

各国摸索出航空母舰的基本形式后,于1936年《华盛顿海军条约》期满失效之际,海军列强又展开了新一轮军备竞赛,

▲ 美国海军"兰利"号航空母舰（CV-1）

英国、美国、日本三国接连建造了一系列的主力航空母舰——舰队航空母舰。在舰载机技术上，日本与美国发展较快，反而英国因为军种恶性竞争（海军航空兵的飞机与飞行员皆由英国空军所提供）而发展迟缓。意大利、苏联受限于海军思想的不同而没有发展航空母舰，前者凭借其地中海位置的优势而认为没有必要特意建造海上的"移动机场"，后者则因为其内战结束不久、海军力量不强而将其作战范围设限于近海。法国因海军航空兵发展迟缓，仍以战列舰和巡洋舰为海军主力，仅尝试将"贝阿恩"号战列舰改装为航空母舰。

第二次世界大战（以下简称二战）以前，航空母舰的海上霸主地位尚未完全确立，对航空母舰的作战运用也存在较大争议，加之受到舰艇性能和通信技术的限制，没有出现较为成型的航空母舰战斗群。二战时期，航空母舰技术与战术理论飞速发展，为了有效保护航空母舰自身安全，充分发挥航空母舰的作战效能，世界主要海军强国均组建了自己的航空母舰战斗群，并在作战中广泛运用，其中美国、英国和日本三国的运用范围最广。

欧洲战场上，英国和美国在战争中期建造了大量成本低廉的"护航航空母舰"以及"商船航空母舰"，这些航空母舰搭载少量飞机便可威胁德军潜艇，最终令盟军于大西洋的潜艇战中获得了胜利。

与欧洲战场相比，太平洋战场爆发了更为激烈的海空大战，交手的美国与日本都拥有强大的航空母舰舰队。1942年5月，发生了首次航空母舰间的战斗——珊瑚海海战，双方的舰船皆在彼此舰员视距外，全凭舰载机进行攻击与防御。同年6月，中途岛海战爆发，这是航空母舰战斗群之间首次进行大规模会战，由于日本航空母舰当时正在进行弹药挂载作业，同时损害管制能力不足，因此大部分参战的日本航空母舰都被美军轰炸机击沉。此后，日本在太平洋发动攻势的能力大为减弱。

▲ 二战时期英国"不倦"号航空母舰（R10）

▲ 二战时期美国海军"萨拉托加"号航空母舰（CV-3）

二战结束后,航空母舰的存在价值遭到质疑,其地位一度降到了最低点。当时,美国拥有世界上规模最大的航空母舰部队,相关科技与使用经验也最为丰富。然而,轴心国战败与核武器的出现促使美国将大量航空母舰封存,其中不乏新造的航空母舰。美国及其他一些国家认为,战争将决胜于空军轰炸机投掷的核武器,大量成本所建立的航空母舰部队将会瞬间被消灭。

除了核武器外,喷气式飞机开始普及,令舰载机体积与重量大幅增加,因此美国开始着手设计巨型航空母舰,成为日后"超级航空母舰"的前身。美国海军计划运用巨型航空母舰上的舰载轰炸机来投射核武器,最终研制出了"美国"号航空母舰,然而这一方案遭到了新成立的美国空军的极力反对,"美国"号航空母舰项目随之流产。

在20世纪50年代初爆发的局部战争中,美国有大量喷气式舰载机以航空母舰为基地投入战争,令航空母舰的重要性又受到了重新评价,也让直升机有了新的发挥空间。这一时期,英国研制出诸多航空母舰设计新技术——光学辅助降落装置、蒸汽弹射器与斜角飞行甲板,成为日后大型航空母舰的典范,美国海军也结合上述技术特征建造了福莱斯特级航空母舰。此外,随着"鹦鹉螺"号核潜艇的核动力军舰试验的成功,美国海军也开始在航空母舰上使用核动力,第一艘核动力航空母舰"企业"号于1960年下水服役,但由于成本高昂,美国海军终止了后续的核动力航空母舰建造计划,转而继续建造小鹰级常规动力航空母舰。

随着核技术的进步,核动力舰艇的建造成本逐年下降,经过慎重考虑后,美国自1975年起开始建造新设计的尼米兹级核动力航空母舰,以替换大量旧式航空母舰。随后30年,各艘尼米兹级航空母舰接连完工服役。尽管每一艘尼米兹级航空母舰与前一艘相比都有所改良,但基本设计始终不变。在此期间,由于核潜艇的出现解决了潜艇加入航空母舰战斗群的速度和续航能力问题,同时对潜通信技术也有了较大进步,因此攻击型核潜艇加入了航空母舰战斗群,与航空母舰、水面舰艇等共同成为航空母舰战斗群的基本编成力量。

与风光无限的美国相比,英国和法国在航空母舰建造及操作方面则显得有些窘迫。由于经历二战和殖民地纷纷独立,英国国力大减,不得不将航空母舰大量卖给其他国家,这些旧式航空母舰大多是二战期间赶工建造的,其设计到了20世纪50年代就已无法满足喷气式舰载机的需求,很快就从其他国家退役。由于国防预算不断缩减,英国甚至一度想完全放弃建造航空母舰,仅仅因为苏联潜艇威胁与护航所需而建造了3艘无敌级轻型航空母舰。

无敌级轻型航空母舰采用新式的滑跃甲板技术,并搭载垂直/短程起降战斗机与直升机作为主要战力。在1982年的马岛战争中,尽管无敌级轻型航空母舰因为没有搭载预警机而造成英军船舰的损失,但还是证明了其存在价值。无敌级航空母舰深深影响了其他资源与资金较少的国家的航空母舰设计,意大利、西班牙和泰国等国家也建造了类似的轻型航空母舰。这些轻型航空母舰都设有滑跃甲板,也将直升机和垂直/短程起降机作为舰载机。法国则先从英国与美国租借轻型航空母舰,而后于20世纪50年代研制了克莱蒙梭级中型航空母舰,其服役30多年后又再建造了核动力航空母舰"夏尔·戴高乐"号。

至于美国在冷战时期的主要竞争对手——苏联,其航空母舰发展之路较为复杂。苏联领导人执着于导弹与核武器,

▲ 美国海军小鹰级航空母舰和提康德罗加级巡洋舰

出云级是日本海上自卫队有史以来建造的最大的作战舰艇，拥有右舷舰岛、全通式飞行甲板等类航空母舰布局，其飞行甲板尺寸甚至超过了欧洲国家的一些轻型航空母舰。

▲ 美国海军"企业"号核动力航空母舰（上）与法国海军"夏尔·戴高乐"号核动力航空母舰（下）

▲ 日本海上自卫队出云级直升机护卫舰

对航空母舰持鄙夷态度并抵制其发展，一直到美军将核打击任务交付潜艇后，才开始发展搭载反潜直升机的军舰。到了1964年古巴导弹危机后，苏联领导人才真正意识到航空母舰的价值，并着手建造了基辅级航空母舰。基辅级航空母舰除了搭载舰载战斗机与反潜直升机外，本身还有强大的对空、对潜、对舰武装，但与西方国家的航空母舰相比，也只能算是拥有大量导弹武器的轻型航空母舰。直到1991年，苏联才出现较为常规的航空母舰，即"库兹涅佐夫"号，该航空母舰采用大型滑跃甲板，仍保留有许多导弹武器，与西方设计思维有所不同。

冷战结束后，世界上拥有航空母舰的国家分成自主建造和购入航空母舰两类，前者包括美国、英国、法国、西班牙、意大利和俄罗斯等，后者包括巴西、印度和泰国等。目前，美国新一代航空母舰——杰拉德·R. 福特级，英国新一代航空母舰伊丽莎白女王级均开始服役，俄罗斯也已对外公布计划中的新式航空母舰——施托姆级。

值得一提的是，虽然日本在二战战败后被禁止拥有攻击性舰船，但该国仍建造了日向级和出云级等直升机护卫舰，其中

航空母舰的分类

在航空母舰近百年的发展历史中，世界各国建造的航空母舰种类很多，分类方法也多种多样。按所担负的作战任务进行分类，可以将航空母舰分为护航航空母舰、攻击航空母舰、反潜航空母舰和多用途航空母舰。护航航空母舰通常用于执行保护运输船队免受敌方水面舰艇及水下潜艇攻击的护航任务，特点是航速慢、飞机搭载量少，且大部分由货轮等其他用途的船舰改造而来；攻击航空母舰以舰载攻击机、战斗机为主要武器；反潜航空母舰以舰载反潜飞机和反潜直升机为主要武器；多用途航空母舰可搭载多种舰载机，包括攻击机、战斗机、预警机、反潜机、电子作战飞机、运输机、加油机等，兼具攻击航空母舰和反潜航空母舰的功能，能担负攻击、反潜等多种任

务。这种分类方法在二战中较为多用，但现代航空母舰一般都是多用途航空母舰，因而这种分类方法已经不再适用。

按动力装置进行分类，航空母舰可分为核动力航空母舰和常规动力航空母舰。前者是以核能为推进动力源的航空母舰，续航力强，具有全天候、全球远洋作战能力；后者是以蒸汽轮机或燃气轮机为基本动力的航空母舰。虽然核动力航空母舰的综合作战能力远胜于常规动力航空母舰，但其建造和运行费用极为惊人，技术要求也相对较高，所以目前世界上仅有美国和法国拥有核动力航空母舰。由于技术和经费等方面的原因，其他国家的航空母舰通常采用常规动力。

按舰载机的性能进行分类，航空母舰可分为常规起降航空母舰和垂直/短距起降航空母舰。前者是指可以搭载和起降包括传统起降方式固定机翼飞机在内的各种飞机的航空母舰；后者是以舰载垂直/短距起降飞机为主要武器的航空母舰，主要担负攻击和反潜任务，其舰艇通常设有滑跃甲板，舰上没有弹射起飞装置和飞机降落阻拦装置。

由于上述分类方法都有一定的局限性，所以目前最常采用的方法是以排水量大小进行分类，分为大型航空母舰、中型航空母舰和小型航空母舰（或称轻型航空母舰）。其中，大型航空母舰是指满载排水量在60000吨以上的航空母舰，舰载机数量为60～100架，以20～30吨级的常规起降飞机为主，作战范围在800～1000千米。大型航空母舰多为攻击航空母舰或核动力多用途航空母舰，可进行远洋作战，在全球范围内部署，执行防空、反舰、反潜、预警、侦察及对地攻击任务。大型航空母舰的典型代表是美国海军现役的尼米兹级航空母舰以及杰拉德·R．福特级航空母舰。

中型航空母舰的满载排水量为30000～60000吨，舰载机数量为20～60架，以10～20吨级的常规起降飞机或垂直/短距起降飞机为主，作战范围在400～800千米。中型航空母舰可作中远海部署，执行舰队防空、反舰、反潜及对地攻击任务。中型航空母舰的典型代表是法国海军现役的"夏尔·戴高乐"号航空母舰。

▲ 法国海军"夏尔·戴高乐"号航空母舰

小型航空母舰的满载排水量在30000吨以下，舰载机数量为15～30架，以垂直/短距起降飞机和直升机为主，作战范围在200～400千米。小型航空母舰可作近中海部署，执行防空、反舰、反潜、预警等任务。小型航空母舰的典型代表是意大利海军现役的"加富尔"号航空母舰。

▲ 美国海军杰拉德·R．福特级航空母舰

▲ 意大利海军"加富尔"号航空母舰

航空母舰的构造

飞行甲板

巨大的飞行甲板是航空母舰外形上最明显的特征，它是航空母舰特有的也是极其重要的分层甲板。陆基飞机如果起飞时速度不足，仅需延长起飞时间即可，舰载机则完全不同，因为航空母舰飞行甲板的长度有限，舰载机没有多余的跑道来滑行，因此，飞行甲板的设计对航空母舰的战斗能力有着至关重要的影响。

在航空母舰发展初期，飞行甲板就是在舰艉处装上一条长直钢板，因跑道长度有限而起飞速度不足，加上飞行甲板末端的上层建筑构造会产生不利于飞行的气流，这种设计很快被摒弃。之后，出现了全通甲板，外观为长直的矩形，拦阻网将甲板分为前后两部分，前段为舰载机起飞区，后段为舰载机降落区。当拦阻网放下时，前后两部分合二为一，舰载机就能从舰艉向前滑跑起飞。

自航空母舰问世到20世纪50年代初期，全通甲板一直是各国航空母舰的主流设计。喷气式飞机时代来临后，以往能够满足螺旋桨飞机起飞的前段跑道长度无法令其起飞，若从后段甲板起飞，则会令其他舰载机无法降落，从而降低起降效率。另外，全通甲板也存在降落失败会撞毁跑道飞机的问题。英国曾尝试在甲板上铺设橡胶，让舰载机在没有开动起落架的情况下降落，但这会造成舰载机降落后难以移动的问题。

有鉴于此，英国海军上校丹尼斯·坎贝尔（Dennis Campbell）提出将甲板自舰身中心线左偏10度、前段甲板就可用来安全停放飞机和进行起飞的设计概念，若飞机在斜角区降落失败也不会撞到起飞区与停机区的飞机。1952年5月，美国海军也在"中途岛"号航空母舰的斜角甲板上尝试起降螺旋桨飞机与喷气式飞机，效果皆令人满意。此后，斜角甲板设计逐渐成熟，喷气式舰载机也在20世纪50年代中期大量服役，美国海军还将大量老式航空母舰（如埃塞克斯级）改为斜角甲板。斜角甲板的优点是降落飞机未能钩住拦阻索时，可马上拉起复飞而不会与前甲板停放的飞机相撞。另外，舰载机起飞和降落可同时进行。

时至今日，中大型航空母舰大多采用斜角甲板，舰体前方的直通部分用于飞机起飞，长为70~100米，斜角部分位于主甲板左侧，用于飞机降落，长为220~270米，两部分夹角为6度~13度。而小型航空母舰（轻型航空母舰）由于尺寸较小，无法布置多条跑道和弹射器，加上没有成熟的弹射器技术，因此仍旧采用全通甲板，并结合滑跃甲板的设计。滑跃甲板也是英国人的发明，它将航空母舰最前方的飞行甲板的仰角提高。这使得飞机一部分的速度转为向上的升力，相较于垂直起飞，这种方法较节省油料。滑跃甲板的成本和技术限制不大，建造相对简单，故障率也较低。不过，以滑跃甲板起飞的舰载机所能携带的武器数量远少于以弹射器起飞的舰载机，严重限制了舰载机的战斗力。此外，对飞行员的技术要求也很高。

▲ 拥有斜角甲板的美国海军"杰拉德·R．福特"号航空母舰

» 舰岛

舰岛也称为岛式上层建筑,它是现代航空母舰外形特征标志之一,与主船体尤其是飞行甲板有着重要的关联,直接影响到舰载机的作业效率。从飞机起降的要求上讲,航空母舰的飞行甲板上空无一物是最理想的,早期处于摸索阶段的全通甲板航空母舰曾经省略过上层建筑,如英国的"百眼巨人"号和"暴怒"号,但后来发现这种设计对导航与航空管制不利而作罢。现代航空母舰的上层建筑力求外形简洁,从而减少雷达反射截面积。

在航空母舰的发展历程中,大多数航空母舰的上层建筑均配置于右侧,仅有极少数航空母舰(如日本"飞龙"号)配置于左侧。这是因为大多数飞行员在起飞或进行攻击时习惯往左弯(由于飞行操纵杆为"右撇子"设计,设置于右侧,若要转弯,飞行员向左拉动远比向右顺手),而且舰载机在降落过程中要逆时针旋转(即左弯)进入环绕航空母舰的环形航线。另外,二战时期大部分战斗机追击轰炸机时也是由右至左。英国正在建造的新一代航空母舰采用了双舰岛设计,前舰岛负责航行,后舰岛负责航空管制,两座舰岛均比单舰岛设计更低矮。

▲ 美国海军尼米兹级航空母舰的舰岛

» 升降机

升降机是将舰载机自机库运输至飞行甲板的装置,早期配置于全通甲板的舰身中线的前、中或后方,通常为2~3座,也是甲板上最脆弱的部分,如果升降机发生故障或是遭到破坏会导致舰载机无法起降,进而丧失战斗力。此外,炸弹也可能击穿升降机,直接进入机库中,而机库又与堆积弹药与燃料的隔舱接近,一旦引爆将导致严重的后果。

后来,美国海军将升降机位置调整到侧舷,除了不妨碍起降作业以及安全性高外,还有着飞机翼展超过升降机宽度时也能使用的优点。美国福莱斯特级航空母舰曾在斜角甲板前方设置一座升降机,以便让飞机降落后立刻收入机库,然而后来发现这样的机会其实很少,另外航空母舰航行时溅起的浪花会波及舰载机,因此从小鹰级航空母舰开始又将该升降机位置调整到侧舷。现代大型航空母舰的升降机宽约20米、深达15米,可负重100吨,可在1分钟内将一架舰载机从机库运至飞行甲板。

▲ 美国海军"罗纳德·里根"号航空母舰的舰员在升降机上集合

» 辅助降落设备

在航空母舰诞生之初,舰载机的降落作业非常困难,发生事故导致伤亡的很多，因而最早在美国海军"兰利"号航空母舰上出现了两种革命性的辅助降落制度：设置"降落指挥官"与使用拦阻网，前者在甲板上判断降落条件、飞机高度等来挥动旗帜打信号，一般由技术纯熟的飞行员担任，而后此制度传入英国。至于拦阻网则是让降落的飞机免于意外的一项保险，早期飞机降落时要由甲板人员上前挂住钩索，而后进步为飞机降落时会打开下方的拦阻钩来钩住甲板上并排的拦阻索，拦阻索两端连入甲板下的液压制动器，吸收飞机剩余的动能，进而让其在甲板上停下。如果没有挂到拦阻索，拦阻网可以避免飞机撞上在甲板停放的飞机，或是摔出飞行甲板也不会毁损机体，还可以调整降落位置。拦阻网的发明大幅提升了飞机的降落效率，在1923年未使用拦阻网时美国海军最佳的成绩是7分钟降落3架飞机，使用后则是4分20秒降落了6架飞机。与可以重复使用的拦阻索不同，拦阻网使用一次后必须更换。

▲ 美国海军小鹰级航空母舰上的拦阻网

▲ 美国海军"德怀特·D.艾森豪威尔"号航空母舰的勤务人员正在检查拦阻索

进入喷气式舰载机时代后，由于其速度过快、降落指挥官和飞行员都反应不及，原有制度已不能保证安全降落。1952年，英国海军中校尼可拉斯·古德哈特设计出了早期的光学助降装置——助降镜。它是一面大曲率反射镜，设在舰艉的灯光射向镜面再反射到空中，给飞行员提供一个光的下降坡面（与海平面夹角为3.5度～4度），飞行员沿着这个坡面并以飞机在镜中的位置修正误差，直到安全降落。助降镜受海浪颠簸影响较大，飞行员往往会丢失光柱并较难捕捉到。20世纪60年代，英国研制出第二代光学助降装置——"菲涅耳"光学助降装置，它在原理上与助降镜相似，也是在空中提供一个光的下滑坡面，但它提供的信号更利于飞行员判断方位，修正误差。

20世纪70年代，美国海军又研制出了全自动助降系统，它通过雷达测出飞机的实际位置，再根据航空母舰自身的运动，由航空母舰计算机得出飞机降落的正确位置，再在指令计算机中比较后发出误差信号，舰载机的自动驾驶仪依据信号修正误差，引导舰载机正确降落。现代航空母舰的辅助降落设备多半是混合使用，可互相取长补短，获得最好的效果。

在螺旋桨舰载机时代，航空母舰上通常设有10～15道拦阻索和3～5道拦阻网。而喷气式舰载机降落时并不关闭发动机，情况不好马上可以复飞，所以现代航空母舰的拦阻索大幅度减少。美国海军的航空母舰通常备有4道拦阻索，第一道设在距离斜角甲板尾端55米处，然后每隔14米设一道，由弓形弹簧张起，高出飞行甲板30～50厘米。这些拦阻索可使30吨重的舰载机以259千米/

▲ 美国海军"德怀特·D.艾森豪威尔"号航空母舰上的光学助降装置

小时的速度降落后滑跑91.5米停止。舰载机停下后，拦阻索自动复位，迎接下一架舰载机的到来。而现代航空母舰配备的拦阻网一般由高强度尼龙材料制成，用于在舰载机尾钩、起落架出现故障、飞行员受伤、燃油耗尽等情况下应急回收舰载机。

▲ 美国海军F/A-18"大黄蜂"战斗/攻击机借助拦阻索降落

由于美国海军现有的拦阻系统依然存在很多短板，难以满足美国海军下一代航空母舰和F-35舰载机的需求。所以，美国通用原子公司设计了涡轮电力拦阻方案，与现有的拦阻系统相比，涡轮电力拦阻的体积更加紧凑，智能化、自动化水平更高，具有明显优势。

» 自卫武器

除了舰载机外，大部分现代航空母舰都只装有最低限度的自卫武器，包括各式防空导弹、近程防御武器系统以及电子战武器设施。究其原因，主要是因为航空母舰角色的转换与雷达设备的进步。

在启蒙时期，航空母舰的舰载机的反舰能力还不甚明了，主要用于在海上为战列舰实施侦察，这样一来就无须太在乎甲板设计会影响到舰载机数量的问题。另外，由于当时舰载雷达尚未出现，航空母舰会在无意间进入敌舰射程范围内，为了进行反击，航空母舰上会配装舰炮。二战期间，舰载雷达蓬勃发展，航空母舰可有效避开敌舰的突袭，加上舰载机的攻击能力已得到证明，航空母舰本身就不需要防空火炮以外的武器，中大口径舰炮随即消失。飞机进入喷气超音速时代后，传统防空火炮根本无法应付，因此美国曾计划将防空任务全交由舰载机负责。

到了20世纪80年代，由于各国海军的反舰导弹打击能力大大增强，有能力自潜艇、飞机与水面舰等多平台发射大量反舰导弹进行饱和性攻击，这种战术极有可能突破由舰载战斗机与护卫舰艇组成的空中防护网，因此航空母舰仍需配备防空导弹、近程防御武器系统以及电子战等武器来确保自身的安全，若是常规动力航空母舰还可发射热焰弹来应对红外线制导的导弹。除了应对敌军武器外，现代航空母舰上还有完善的消防系统。

以美国海军尼米兹级航空母舰为例，其装有射程约50千米的改进型"海麻雀"防空导弹、射程26千米的"海麻雀"防空导弹、射程9.6千米的RIM-116"拉姆"防空导弹、射程4.5千米的"密集阵"近程防御武器系统，还有干扰敌人雷达的电子战装置。

与美国海军不同，俄罗斯海军重视单舰作战能力，同时由于俄罗斯海军舰队防空网强度不足，所以"库兹涅佐夫"号航空母舰的自身火力比西方国家的航空母舰强很多，包括反潜火箭、反舰导弹、防空导弹以及近程防御武器系统。

▲ 法国海军"夏尔·戴高乐"号航空母舰发射"阿斯特"15导弹

舰载机起飞方式

在早期的航空母舰上，由于舰载机（包括战斗机、轰炸机、鱼雷攻击机）重量轻、安全离舰起飞速度低，其带弹量和作战半径有限，因此绝大多数舰载机可以通过自身动力利用有限长度的飞行甲板直接起飞而不需要任何助飞方式。二战后，人们对航空母舰及其舰载机作战效能的认识加深，加上舰载机自身的发展，特别是喷气式舰载机的上舰，舰载机的起飞方式也发生了变化。国外现役航空母舰固定翼舰载机的起飞方式主要有垂直/短距滑跑起飞、滑跃起飞和弹射起飞等。

» 垂直/短距滑跑起飞

垂直/短距滑跑起飞方式是利用舰载机发动机推力矢量的控制实现起飞，其主要应用于轻型航空母舰上，如英国无敌级轻型航空母舰的"海鹞"战斗/攻击机。

使用垂直起降技术的飞机灵活机动，具有常规飞机无可比拟的优点。首先，具有垂直起降能力的飞机不需要专门的机场和跑道，降低了使用成本。其次，垂直起降飞机只需要很小的平地就可以起飞和着陆，所以在战争中飞机可以分散配置，便于伪装，不易被敌方发现，大大提高了飞机的战场生存率。最后，由于垂直起降飞机即使在被毁坏的机场跑道上或者是前线的简易机场上也可以升空作战，所以出勤率也大幅提高，并且对敌方的打击具有很高的突然性。

当然，使用垂直起降技术的飞机也有许多缺点。首先是航程短，由于要实现垂直起降，飞机的起飞重量只能是发动机推力的83%~85%，这就使飞机的有效载荷大大受到限制，影响了飞机的载油量和航程。同时，飞机垂直起飞时发动机工作在最大状态，耗油量极大，也限制了飞机的作战半径。例如"海鹞"战斗/攻击机的载重量为1060千克时，作战半径只有92千米，所以在实际使用中"海鹞"战斗/攻击机尽量使用短距起飞的方式以延长飞机的航程。因此，垂直起降飞机又称为垂直/短距起降飞机。另外由于垂直起降飞机在实战中经常需要分散在野外，所以它的维护也非常困难。

» 滑跃起飞

滑跃起飞方式是利用航空母舰舰部的上翘甲板结合舰载机发动机的推力实现起飞，如"库兹涅佐夫"号航空母舰的米格-29K舰载机的起飞方式。这种起飞方式不需要复杂的弹射装置，但是飞机起飞时的重量不如蒸汽弹射起飞，使得舰载机的载油量、载弹量、航程以及作战半径等受到一定的制约。

英国、意大利、印度和俄罗斯等国家由于技术限制，无法研制真正在技术和工艺上过关的蒸汽弹射器,所以只能在本国航空母舰上采用滑跃甲板。采用滑跃起飞方式的航空母舰舰载机起飞时都必须以20节以上速度逆风航行,以加大舰载机的相对速度,帮助舰载机起飞。

» 弹射起飞

弹射起飞方式是利用飞行甲板上布置的弹射装置,在一定行程内对舰载机施加推力来达到舰载机的离舰起飞速度,其主要应用于大型/中型的攻击或多用途航空母舰上,如美国和法国现役航空母舰。弹射起飞技术是一种新兴的直线推进技术,适宜于在短距离内弹射很重的舰载机。舰载机的弹射起飞技术主要包括液压弹射起飞、蒸汽弹射起飞以及最先进的电磁弹射起飞技术。其中液压弹射起飞已经被淘汰。

相比弹射起飞,其他起飞方式都需要靠舰载机自身动力实现起飞,可以避免因配置弹射装置而产生的航空母舰舰体重量/重心、空间布置等问题。但靠舰载机自身动力起飞,会遇到燃油消耗大而使舰载机离舰空中作战半径变小,舰面甲板侧风和舰体摇摆等因素,影响舰载机起飞作业的环境适应性以及整个舰队的机动性。更为重要的是,如果依靠自身动力,航空母舰上无法起飞重型飞机,例如预警机。因此,像美国、法国等国家在发展航空母舰时,围绕核心武器系统——舰载机的效能而采用弹射起飞技术。

(1) 蒸汽弹射

使用一个平的飞行甲板作为飞机跑道,起飞时一个蒸汽驱动的弹射装置带动飞机在2秒钟内达到起飞速度。时至今日,只有美国全面掌握了蒸汽弹射器技术,连法国的"戴高乐"号航空母舰也采用美国的蒸汽弹射技术。

在工作原理上,蒸汽弹射器是以高压蒸汽推动活塞带动弹射轨道上的滑块,把与之相连的舰载机弹射出去。它体积庞大,工作时要消耗大量蒸汽,功率浪费严重,只有约6%的蒸汽被利用。为制造和输送蒸汽,航空母舰要备有海水淡化装置、大型锅炉和无数管线,工作维护量惊人。它的最大缺陷在于因为弹射功率太大而无法发射无人机,现役的无人机因为重量轻,在弹射时机体会被加速度扯碎。

(2) 电磁弹射

电磁弹射器是一个复杂的集成系统,其核心是直线弹射电动机。这种电动机的概念类似磁悬浮列车采用的技术。与磁悬浮列车所不同的是,磁悬浮列车的运动是飘浮在空气中,而弹射电动机带有滚轮,带着一个滑块沿弹射器轨道滑行。工作时,电动机得到供电,滑块在电磁力的作用下拉着飞机沿弹射冲程加速到起飞速度。飞机起飞后,滑块受到反向力的制动,低速回到出发的位置。在技术方面,蒸汽弹射器和电磁弹射器之间的差别,就如同蒸汽火车与现代磁悬浮列车之间的差别。这就决定了电磁弹射器在性能上遥遥领先。

就技术特性而言,电磁弹射器主要包括以下优点。

①使用范围更广。无论是未来可能出现更重的飞机,还是当前小而轻的无人机,电磁弹射器都可以弹射。

②可用性得到了提高。当前使用的蒸汽弹射器的两次重大故障间的平均周期是405周,而电磁弹射器可以达到1300周。

③减少了运行和支援费用。只需要90人就可以操作它,比蒸汽弹射器节省30人。

④提高了能量利用率。电磁弹射器的效率大约是蒸汽弹射器的10倍,约为60%。

⑤减少对舰上辅助系统的要求。蒸汽弹射器依赖于航空母舰提供的大批辅助系统,电磁弹射器则简化了许多,它从关闭状态到待用状态的时间不到15分钟,这让蒸汽弹射器望尘莫及。

现役航空母舰

第 2 章

航空母舰是以舰载机为主要武器并作为其海上活动基地的大型水面战斗舰艇，也是海军水面战斗舰艇的最大舰种。世界上有能力独立建造并使用航空母舰的国家并不多，尤其是吨位庞大、技术复杂的核动力航空母舰。

美国"尼米兹"号航空母舰（CVN-68）

制造商：纽波特纽斯造船厂
服役时间：1975年至今
航空母舰类型：大型航空母舰
动力来源：2座西屋A4W核反应堆
主要自卫武器：RIM-7导弹、RIM-116导弹等
舰载机数量：90架舰载机

基本参数	
满载排水量	100020吨
全长	332.8米
全宽	76.8米
吃水	11.3米
最高航速	30节

"尼米兹"号航空母舰（USS Nimitz CVN-68）是美国海军尼米兹级核动力航空母舰的首舰。该舰于1972年5月下水，其舰名承袭自二战期间曾任美国海军太平洋舰队指挥官的切斯特·尼米兹海军五星上将。

"尼米兹"号航空母舰配置4具C-13-1蒸汽弹射器，由4组拦阻索构成的MK-7飞机降落拦阻系统，以及4个载重47吨的大型侧舷升降机。在作战条件下，理论上4具蒸汽弹射器能以平均每分钟2架的速率将所有舰载机弹射升空，不过由于蒸汽弹射器会消耗推进系统产生的蒸汽，当"尼米兹"号以30节速率开始弹射时，连续高速弹射8架飞机之后航速会降至22节，必须暂停弹射作业等待锅炉蒸汽压力恢复再继续弹射。

▲ "尼米兹"号航空母舰

小 知 识

"尼米兹"号航空母舰于1976年7月7日部署至地中海，跟随的军舰有巡洋舰"南卡罗来纳"号和"加利福尼亚"号，这是20世纪60年代中期以来美国首次在地中海部署核动力军舰。

美国"德怀特·D.艾森豪威尔"号航空母舰（CVN-69）

制造商：纽波特纽斯造船厂
服役时间：1977年至今
航空母舰类型：大型航空母舰
动力来源：2座西屋A4W核反应堆
主要自卫武器：RIM-7导弹、RIM-116导弹等
舰载机数量：90架舰载机

基本参数

满载排水量	101600吨
全长	332.8米
全宽	76.8米
吃水	11.3米
最高航速	30节

"德怀特·D.艾森豪威尔"号航空母舰（USS Dwight D. Eisenhower CVN-69）是美国海军尼米兹级核动力航空母舰的二号舰。舰名承袭自参加过二战的美国第34任总统德怀特·D.艾森豪威尔，因此也与艾森豪威尔总统一样，经常被昵称为"艾克"（Ike）。

"德怀特·D.艾森豪威尔"号航空母舰与"尼米兹"号航空母舰属同一批次，舰体构造基本相同。两舰都装设了完整的海军战术资料系统（Naval Tactical Data System，NTDS）和反潜目标鉴定分析中心（Anti-Submarine Classification and Analysis Center，ASCAC），以及AN/SPS-48E三维对空搜索雷达、AN/SPS-49长程对空搜索雷达、AN/SPQ-9A追踪雷达等侦测设备。

▲ "德怀特·D.艾森豪威尔"号航空母舰

小知识

1990年8月，伊拉克发动奇袭占领了科威特，"德怀特·D.艾森豪威尔"号航空母舰是第一艘赶至红海驰援的航空母舰，也是历史上第二艘曾经通过苏伊士运河的核动力航空母舰。

美国"卡尔·文森"号航空母舰（CVN-70）

制造商：纽波特纽斯造船厂
服役时间：1982年至今
航空母舰类型：大型航空母舰
动力来源：2座西屋A4W核反应堆
主要自卫武器：RIM-7导弹、RIM-116导弹等
舰载机数量：90架舰载机

基本参数	
满载排水量	101300吨
全长	332.8米
全宽	76.8米
吃水	11.3米
最高航速	30节

"卡尔·文森"号航空母舰（USS Carl Vinson CVN-70）是美国海军尼米兹级核动力航空母舰的三号舰，以美国知名众议员卡尔·文森的名字命名，使得他成为第一位非美国总统或军事将领身份却能获得如此殊荣的人。

"卡尔·文森"号航空母舰与尼米兹级航空母舰前两艘属同一批次，所以舰体构造基本相同。该舰非常重视防护与损害管制能力，甲板与舰体采用高强度、高张力钢板以提升防护力，从舰底到飞行甲板都采用双层舰壳，内、外层舰壳之间以X形构造连接，能吸收敌方武器命中时造成的冲击能量，降低对舰体内部的破坏。

▲ "卡尔·文森"号航空母舰

小 知 识

1986年5月和6月，"卡尔·文森"号航空母舰参与了包括1986年环太平洋联合军事演习在内的多次军事演习。同年8月12日它出海执行第二次海外任务，成为第一艘在白令海执行任务的美国航空母舰。

美国"西奥多·罗斯福"号航空母舰（CVN-71）

制造商：纽波特纽斯造船厂	
服役时间：1986年至今	
航空母舰类型：大型航空母舰	
动力来源：2座西屋A4W核反应堆	
主要自卫武器：RIM-7导弹、RIM-116导弹等	
舰载机数量：90架舰载机	

基本参数	
满载排水量	104600吨
全长	332.8米
全宽	76.8米
吃水	11.3米
最高航速	30节

"西奥多·罗斯福"号航空母舰（USS Theodore Roosevelt CVN-71）是美国海军尼米兹级核动力航空母舰的四号舰。舰名承袭自美国第26任总统西奥多·罗斯福，他在任期内大力扩充海军，完成了"大白舰队"计划。

"西奥多·罗斯福"号航空母舰虽然隶属于尼米兹级航空母舰，但由于从它开始的第二批次5艘同级舰不同于第一批次的3艘，在性能和规格上有相当幅度的变动，包括在舰身两舷处设有隔舱系统，机库、弹药库等重要部位的顶部和两侧装有63.5毫米厚的"凯夫拉"装甲特别强化，排水量增加几千吨等。

▲ "西奥多·罗斯福"号航空母舰

小知识

1990年12月28日，"西奥多·罗斯福"号航空母舰搭载第8航空母舰飞行大队（CVW-8）出发前往波斯湾，是美国海军在海湾战争（美军行动代号为"沙漠之盾"）中的主要作战力量。

美国"亚伯拉罕·林肯"号航空母舰（CVN-72）

| 制造商：纽波特纽斯造船厂 |
| 服役时间：1989年至今 |
| 航空母舰类型：大型航空母舰 |
| 动力来源：2座西屋A4W核反应堆 |
| 主要自卫武器：RIM-7导弹、RIM-116导弹等 |
| 舰载机数量：90架舰载机 |

基本参数	
满载排水量	104600吨
全长	332.8米
全宽	76.8米
吃水	11.3米
最高航速	30节

"亚伯拉罕·林肯"号航空母舰（USS Abraham Lincoln CVN-72）是美国海军尼米兹级核动力航空母舰的五号舰，舰名承袭自美国第16任总统亚伯拉罕·林肯。

"亚伯拉罕·林肯"号航空母舰采用模块化建造以降低成本，进一步强化了舰面飞行甲板下一层的甲板，并加装箱形掩体来保护弹药库与机舱，还取消了飞行甲板前方的钢缆回收器（因为老一代的大型舰载机F-14"雄猫"已经除役）。此外，该舰的核反应堆炉芯寿命也由13年提高为15年。

▲ "亚伯拉罕·林肯"号航空母舰

小知识

1993年4月28日，"亚伯拉罕·林肯"号航空母舰成为美国海军有史以来第一艘接纳女性飞行员的航空母舰。1994年10月25日，这名女性飞行员在驾驶F-14战斗机降落时坠海身亡。

美国"乔治·华盛顿"号航空母舰（CVN-73）

| 制造商：纽波特纽斯造船厂 |
| 服役时间：1992年至今 |
| 航空母舰类型：大型航空母舰 |
| 动力来源：2座西屋A4W核反应堆 |
| 主要自卫武器：RIM-7导弹、RIM-116导弹等 |
| 舰载机数量：90架舰载机 |

基本参数	
满载排水量	104600吨
全长	332.8米
全宽	76.8米
吃水	11.3米
最高航速	30节

"乔治·华盛顿"号航空母舰（USS George Washington CVN-73）是美国海军尼米兹级核动力航空母舰的六号舰，是美国海军第二艘以美国国父乔治·华盛顿为名而建造的军舰。

该舰于2008年编入第七舰队，以取代除役的"小鹰"号航空母舰，并以日本神奈川县横须贺海军基地为母港，是史上第一艘驻扎于日本境内的核动力舰艇。

不同于前四艘尼米兹级航空母舰是单独订购的，"亚伯拉罕·林肯"号航空母舰和"乔治·华盛顿"号航空母舰是在1982年12月27日一起订购的，这是因为同时采购能降低单位成本，比单独订购更加划算。"乔治·华盛顿"号在舰岛上追加了破片防护装甲，防护能力进一步增强。

▲ "乔治·华盛顿"号航空母舰在横须贺港

小知识

2011年6月16日，已经全部装备F/A-18E/F"超级大黄蜂"战斗/攻击机的美国海军第5航空母舰飞行大队从美国驻日本厚木海军航空基地出发，飞抵"乔治·华盛顿"号航空母舰，使其成为美国海军首艘全部装备"超级大黄蜂"战斗/攻击机的航空母舰。

美国"约翰·C.斯坦尼斯"号航空母舰（CVN-74）

制造商：纽波特纽斯造船厂
服役时间：1995年至今
航空母舰类型：大型航空母舰
动力来源：2座西屋A4W核反应堆
主要自卫武器：RIM-7导弹、RIM-116导弹等
舰载机数量：90架舰载机

基本参数	
满载排水量	104600吨
全长	332.8米
全宽	76.8米
吃水	11.3米
最高航速	30节

"约翰·C.斯坦尼斯"号航空母舰（USS John C. Stennis CVN-74）是美国海军尼米兹级核动力航空母舰的七号舰，以美国知名参议员约翰·C.斯坦尼斯的名字命名。斯坦尼斯在美国参议院军事委员会任职期间，推动了许多改造美国海军的大型计划，因而获得"现代美国海军之父"的美名。

"约翰·C.斯坦尼斯"号航空母舰及其舰载第9航空母舰飞行大队（CVW-9）的主要任务是在全球军事行动中持续地进行战斗任务。该舰具有很强的自我维修能力，舰上配属了一个飞机维修部门（能够修复中度损坏的飞机）、一个微电子装备修复部门以及几个舰艇修复部门。

▲ "约翰·C.斯坦尼斯"号航空母舰

小知识

在2011年推出的美国射击游戏《国土防线》（Homefront）中，"约翰·C.斯坦尼斯"号航空母舰出现在"火力掩护"关卡中。

美国"哈利·S.杜鲁门"号航空母舰（CVN-75）

制造商：纽波特纽斯造船厂
服役时间：1998年至今
航空母舰类型：大型航空母舰
动力来源：2座西屋A4W核反应堆
主要自卫武器：RIM-7导弹、RIM-116导弹等
舰载机数量：90架舰载机

基本参数	
满载排水量	104600吨
全长	332.8米
全宽	76.8米
吃水	11.3米
最高航速	30节

"哈利·S.杜鲁门"号航空母舰（USS Harry S. Truman CVN-75）是美国海军尼米兹级核动力航空母舰的八号舰，舰名承袭自美国第33任总统哈利·S.杜鲁门。该舰于1998年7月编入美国大西洋舰队服役，母港为弗吉尼亚州诺福克海军基地。

"约翰·C.斯坦尼斯"号航空母舰和"哈利·S.杜鲁门"号航空母舰是美国海军在冷战结束前订购的最后两艘尼米兹级航空母舰，改用了更先进的燃料棒，每次更换的持续运作时间高达23年，大幅缩减了服役寿期更换燃料棒的次数。为了降低施工成本，舰上还采用了新开发的HSLA-100钢材，其强度与韧性和过去的HY-100高张力钢材相当，但施工复杂度与成本都可以降低，省略了HY-100钢材需要的预热程序。

▲ "哈利·S.杜鲁门"号航空母舰

小 知 识

2005年飓风卡特里娜在美国东海岸造成巨大损失后，"哈利·S.杜鲁门"号航空母舰于9月1日开赴墨西哥湾海岸，成为美国海军营救任务的旗舰。

美国"罗纳德·里根"号航空母舰（CVN-76）

制造商：	纽波特纽斯造船厂
服役时间：	2003年至今
航空母舰类型：	大型航空母舰
动力来源：	2座西屋A4W核反应堆
主要自卫武器：	RIM-7导弹、RIM-116导弹等
舰载机数量：	90架舰载机

基本参数	
满载排水量	101400吨
全长	332.8米
全宽	76.8米
吃水	11.3米
最高航速	30节

"罗纳德·里根"号航空母舰（USS Ronald Reagan CVN-76）是美国海军尼米兹级核动力航空母舰的九号舰，舰名承袭自美国第40任总统罗纳德·里根。

与先前的尼米兹级航空母舰相比，"罗纳德·里根"号航空母舰有不少改良，首先是舰岛设计变更，设计工作首度应用3D数字模型技术，舰桥右侧向舷外大幅伸展，使右舷的警戒能力增加。此外，原本位于舰岛后方的独立桅杆取消，改成一座与舰岛整合的塔状桅杆。原本位于后桅杆上的AN/SPS-49雷达改置于舰岛后部上方，而原本位于主桅杆顶的AN/SPQ-9A追踪雷达则被更新型的AN/SPQ-9B取代。由于舰岛平面容积增加，"罗纳德·里根"号航空母舰的舰桥也减少了一层。

▲ "罗纳德·里根"号航空母舰

小 知 识

2006年1月，"罗纳德·里根"号航空母舰开始了它的第一次部署，于2006年2月抵达波斯湾，参加了美国在伊拉克和阿富汗的战争。同年7月，结束第一次部署返回圣迭哥。

美国"乔治·H.W.布什"号航空母舰（CVN-77）

制造商：纽波特纽斯造船厂

服役时间：2009年至今

航空母舰类型：大型航空母舰

动力来源：2座西屋A4W核反应堆

主要自卫武器：RIM-7导弹、RIM-116导弹等

舰载机数量：90架舰载机

基本参数

满载排水量	102000吨
全长	332.8米
全宽	76.8米
吃水	11.3米
最高航速	30节

"乔治·H.W.布什"号航空母舰（USS George H.W. Bush CVN-77）是美国海军尼米兹级核动力航空母舰的十号舰，舰名承袭自美国第41任总统乔治·H.W.布什。

"乔治·H.W.布什"号航空母舰是美国海军建造"福特"级航空母舰之前的过渡舰只，其建造计划历经多次变更。该舰相较于先前的尼米兹级航空母舰有相当程度的改进，例如将舰岛小型化与简洁化、飞行甲板边缘采用弧形造型，可降低雷达截面积；换装新的桅杆，加装相控阵雷达；提高舰上自动化程度，降低人力需求；大幅变更舰内的航空燃油储存/分配系统，以提升安全性等。

▲ 美国海军"蓝天使"飞行表演队在"乔治·H.W.布什"号航空母舰上空飞行

小知识

2011年5月11日，"乔治·H.W.布什"号航空母舰离开诺福克母港，开始它服役以来第一次例行的海外战斗部署。

美国"杰拉德·R.福特"号航空母舰（CVN-78）

制造商：纽波特纽斯造船厂

服役时间：2017年至今

航空母舰类型：大型航空母舰

动力来源：2座A1B核反应堆

主要自卫武器：RIM-162导弹、RIM-116导弹等

舰载机数量：90架舰载机

基本参数	
满载排水量	100000吨
全长	337米
全宽	78米
吃水	12米
最高航速	30节

"杰拉德·R.福特"号航空母舰（USS Gerald R. Ford CVN-78）是美国海军杰拉德·R.福特级核动力航空母舰的首舰，是美国海军第一艘以第38任总统杰拉德·R.福特为名的军舰。

"杰拉德·R.福特"号航空母舰是美国海军有史以来造价最高的一艘舰船，采用了诸多高新技术，包括综合电力推进、电磁弹射技术等，它将成为21世纪美军海上打击力量的中坚。该舰是美国第一种利用计算机辅助工具设计的航空母舰，应用了虚拟影像技术，在设计过程就能精确模拟每一个设计细节，并且预先解决相关的布局问题。该舰能搭载90架舰载机，包括F-35C战斗机、F/A-18E/F战斗/攻击机、EA-18G电子作战飞机、E-2D预警机、MH-60R/S直升机、无人战斗航空载具（UCAV）等。

▲ "杰拉德·R.福特"号航空母舰

小知识

2013年10月11日，"杰拉德·R.福特"号航空母舰的船坞开始注水，下水仪式邀请了福特总统的女儿苏珊·福特按下注水的启动按钮。

美国"约翰·F. 肯尼迪"号航空母舰（CVN-79）

制造商：纽波特纽斯造船厂
服役时间：2024年（计划）
航空母舰类型：大型航空母舰
动力来源：2座A1B核反应堆
主要自卫武器：RIM-162导弹、RIM-116导弹等
舰载机数量：90架舰载机

基本参数	
满载排水量	100000吨
全长	337米
全宽	78米
吃水	12米
最高航速	30节

"约翰·F. 肯尼迪"号航空母舰（USS John F. Kennedy CVN-79）是美国海军杰拉德·R. 福特级核动力航空母舰的二号舰，舰名承袭自美国第35任总统约翰·F. 肯尼迪。2019年12月，"约翰·F. 肯尼迪"号在美国弗吉尼亚州正式下水。

"约翰·F. 肯尼迪"号航空母舰拥有4具电磁弹射器，2具位于舰艏，另外2具位于斜角甲板。这种电磁弹射系统反应快捷，准备时间只需十几分钟，它可以让飞机平稳升空，避免了蒸汽弹射器的颠簸之苦。该舰还采用先进飞机回收系统（Advanced Aircraft Recovery System，AARS）来取代传统式拦阻索，可以有效拦住返航重量日益提高的舰载机。

小知识

"约翰·F. 肯尼迪"号航空母舰引进了整合电力系统（IPS）的概念，即全电能源，全部用计算机控制，完全采用信息化的数字化电网系统。

苏联/俄罗斯"库兹涅佐夫"号航空母舰（063）

制造商：尼古拉耶夫造船厂
服役时间：1991年至今
航空母舰类型：大型航空母舰
动力来源：4具TV-12-4蒸汽轮机
主要自卫武器：P-700导弹、3K95导弹、AK-630近防炮等
舰载机数量：41架舰载机

基本参数	
满载排水量	67500吨
全长	306.3米
全宽	73米
吃水	11米
最高航速	32节

"库兹涅佐夫"号航空母舰（RFS Kuznetsov 063）是俄罗斯海军目前唯一在役的航空母舰，部署于北方舰队。该舰得名于苏联海军元帅尼古拉·格拉西莫维奇·库兹涅佐夫，他是二战时期的苏联海军总司令，"苏联英雄"荣誉称号获得者。

与西方航空母舰相比，"库兹涅佐夫"号航空母舰的定位有所不同，苏联称之为"重型航空巡洋舰"，它没有装备平面弹射器，却可以起降重型战斗机。即便不依赖舰载机，该舰仍有相当强大的战斗力量。"库兹涅佐夫"号可以防卫和支援战略导弹潜艇及水面舰艇，也可以搭载舰载机进行独立巡弋。一般情况下，"库兹涅佐夫"号的载机方案为20架苏-33战斗机，15架卡-27反潜直升机，4架苏-25UGT教练机，以及2架卡-31预警直升机。

▲ "库兹涅佐夫"号航空母舰

小知识

"库兹涅佐夫"号航空母舰的同级舰"瓦良格"号航空母舰于1985年12月动工建造，但最终由于苏联解体、经济衰退而被迫下马。

英国"伊丽莎白女王"号航空母舰（R08）

制造商：罗塞斯造船厂

服役时间：2017年至今

航空母舰类型：中型航空母舰

动力来源：2具MT30燃气轮机

主要自卫武器：30毫米机炮、"密集阵"近防炮等

舰载机数量：40架舰载机

基本参数

满载排水量	65000吨
全长	284米
全宽	73米
吃水	11米
最高航速	25节以上

"伊丽莎白女王"号航空母舰（HMS Queen Elizabeth R08）是英国海军伊丽莎白女王级航空母舰的首舰，舰名承袭自英国女王伊丽莎白一世。该舰是英国海军有史以来最大的军舰，并首次使用燃气轮机和全电驱动。

"伊丽莎白女王"号航空母舰采用前后两个岛式上层建筑的独特外观，是世界上第一艘采用双舰岛的航空母舰。双舰岛分担岛式上层建筑的功能，靠近舰艏的前部舰岛主要安装有航海、导航、远程探测和警戒、编队通信设备，后部舰岛上主要安装有航空指挥、舰机通信、电子对抗等设备。

▲ "伊丽莎白女王"号航空母舰

小知识

"伊丽莎白女王"号航空母舰的电子系统与武器装备碍于预算拮据而相当精简，其舰身没有直接用于防御的装甲，仅在重要部位设有加厚钢板和"凯夫拉"装甲，以防弹片造成损伤。

英国"威尔士亲王"号航空母舰（R09）

| 制造商：罗塞斯造船厂 |
| 服役时间：2019年至今 |
| 航空母舰类型：中型航空母舰 |
| 动力来源：2具MT30燃气轮机 |
| 主要自卫武器：30毫米机炮、"密集阵"近防炮等 |
| 舰载机数量：40架舰载机 |

基本参数

满载排水量	65000吨
全长	284米
全宽	73米
吃水	11米
最高航速	25节以上

"威尔士亲王"号航空母舰（HMS Prince of Wales R09）是英国海军伊丽莎白女王级航空母舰的二号舰，舰名承袭自威尔士亲王。

"威尔士亲王"号航空母舰是一艘采用传统动力、短距滑跃起飞/垂直降落的双舰岛多用途航空母舰，其舰体结构与"伊丽莎白女王"号航空母舰基本相同。该舰的飞行甲板总面积约16000平方米，涂有防滑抗热涂装，舰艏设有一个仰角12度的滑跃甲板，起飞区长约162米，宽18米，整个飞行甲板规划有6个直升机起降点。两座舷侧升降机均位于右舷，一座设在前后舰岛之间，另一座位于舰艉右侧。

▲ "威尔士亲王"号航空母舰

小知识

由于受经济问题困扰，英国计划在"威尔士亲王"号航空母舰上先装备直升机，而暂不配备固定翼飞机，这样就使其变成了一艘超大号的两栖攻击舰。这样的配置可以在短期提升英国的远洋投送能力，又能锻炼舰员，为将来"变身航空母舰"打下基础。

法国"夏尔·戴高乐"号航空母舰（R91）

制造商：	法国船舶建造局
服役时间：	2001年至今
航空母舰类型：	中型航空母舰
动力来源：	2座K15压水式核反应堆
主要自卫武器：	"阿斯特"15导弹、"萨德拉尔"导弹等
舰载机数量：	40架舰载机

基本参数

满载排水量	42500吨
全长	261.5米
全宽	64.36米
吃水	9.4米
最高航速	27节

"夏尔·戴高乐"号航空母舰（Charles de Gaulle R91）是法国海军目前仅有的一艘航空母舰，也是世界上唯一非美国海军所属的核动力航空母舰。传统上，法国海军会采取同时拥有两艘航空母舰的编制，以确保其中一艘进厂维修时，还有另一艘可以值勤。然而，由于"夏尔·戴高乐"号的造价过于昂贵，法国政府并没有兴建另一艘同级舰。

"夏尔·戴高乐"号航空母舰拥有完全符合北约标准的核生化防护能力，舰上绝大部分舱室都采用气密式结构。与美国的核动力航空母舰一样，"夏尔·戴高乐"号也采用全通式斜角飞行甲板，而不采用欧洲航空母舰常见的滑跃甲板设计。该舰的2座弹射器交互使用时，每30秒就可让1架舰载机起飞，并在12分钟内让20架舰载机降落。

▲ "夏尔·戴高乐"号航空母舰

小 知 识

"夏尔·戴高乐"号航空母舰是法国历史上拥有的第十艘航空母舰，其命名源自法国著名的军事将领与政治家夏尔·戴高乐。

意大利"朱塞佩·加里波第"号航空母舰（CVH-551）

制造商：芬坎蒂尼造船公司

服役时间：1985年至今

航空母舰类型：轻型航空母舰

动力来源：4具LM2500燃气轮机

主要自卫武器："阿斯派德"导弹、324毫米鱼雷等

舰载机数量：8架攻击机、8架直升机

基本参数

满载排水量	14150吨
全长	180.2米
全宽	33.4米
吃水	8.2米
最高航速	30节

"朱塞佩·加里波第"号航空母舰（Giuseppe Garibaldi CVH-551）是意大利海军装备的常规动力轻型航空母舰，舰名来源于意大利名将朱塞佩·加里波第。该舰的武器配置齐全，反舰、防空及反潜三者兼备，既可作为航空母舰编队的指挥舰，又可单独行动。

"朱塞佩·加里波第"号航空母舰的外形与英国无敌级航空母舰大致相同，也是直通式飞行甲板，甲板前部有6.5度的上翘。该舰的标准载机方式是8架AV-8B"海鹞"Ⅱ攻击机和8架SH-3D"海王"直升机，在特殊情况下，也可只搭载16架AV-8B攻击机或18架SH-3D直升机。

▲ "朱塞佩·加里波第"号航空母舰

小知识

"朱塞佩·加里波第"号航空母舰的主要任务是在地中海执行警戒巡逻，扼守和保卫直布罗陀海峡通道，单独或率领特混编队进行反潜、防空和反舰任务，掩护和支援两栖攻击，为运输船队护航，确保海上交通线畅通等。

意大利"加富尔"号航空母舰（CVH-550）

制造商：芬坎蒂尼造船公司

服役时间：2008年至今

航空母舰类型：轻型航空母舰

动力来源：4具LM2500燃气轮机

主要自卫武器："阿斯特"15导弹、76毫米舰炮等

舰载机数量：10架攻击机、12架直升机

基本参数

满载排水量	30000吨
全长	244米
全宽	39米
吃水	8.7米
最高航速	28节

"加富尔"号航空母舰（Cavour CVH-550）是意大利在21世纪建造的第一艘航空母舰，其名称是为了纪念1861年下令组建意大利海军的意大利总理加富尔。目前，"加富尔"号是意大利海军排水量最大的水面舰艇，它与地平线级驱逐舰和欧洲多任务护卫舰一起组成了颇具欧洲特色的海上远洋舰队，是意大利海军的核心和主力。

"加富尔"号航空母舰拥有完善的探测与作战系统，兼具轻型航空母舰与两栖运输舰的功能。该舰采用长方形全通式飞行甲板，滑跃甲板（倾斜12度）位于飞行甲板前方左侧，长方形舰岛位于舰体右舷。

▲ "加富尔"号航空母舰

小 知 识

"加富尔"号航空母舰配备了RAN-40L长程对空搜索阵列雷达、SPY-790多功能相控阵雷达、RAN-30X监视雷达、敌我识别器与导航雷达等电子设备。

印度"维兰玛迪雅"号航空母舰（R33）

制造商：俄罗斯北德文斯克造船厂

服役时间：2013年至今

航空母舰类型：中型航空母舰

动力来源：4具蒸汽轮机

主要自卫武器："巴拉克"8导弹、"卡什坦"近防炮等

舰载机数量：24架战斗机、6架直升机

基本参数	
满载排水量	45000吨
全长	283.5米
全宽	59.8米
吃水	10.2米
最高航速	30节

"维兰玛迪雅"号航空母舰（INS Vikramaditya R33）原本是俄罗斯基辅级航空母舰的四号舰"戈尔什科夫"号，因发生锅炉爆炸意外后无资金修复，俄罗斯海军将其售予印度海军。

"戈尔什科夫"号航空母舰卖给印度后，改造重点是将舰艏的武器全部拆除，把它变成滑跃甲板以便米格-29K战斗机起飞。斜向甲板加上了3条阻拦索，以便米格-29K战斗机顺利降落。此外，飞行甲板面积有所增大，舰上原有的动力系统也经过大幅整修，换装由波罗的海造船厂新造的锅炉，燃料改为柴油，不过整体推进系统设计没有重大变更。整体来说，改造后的"维兰玛迪雅"号航空母舰就是一艘缩小版的"库兹涅佐夫"号航空母舰。

▲"维兰玛迪雅"号航空母舰

小 知 识

维兰玛迪雅原是指古印度笈多王朝第三位君主旃陀罗·笈多二世（也称超日王），因此"维兰玛迪雅"号航空母舰也被译为"超日王"号航空母舰。

印度"维克兰特"号航空母舰（IAC-1）

制造商：科钦造船厂

服役时间：2022年

航空母舰类型：中型航空母舰

动力来源：4具LM2500燃气轮机

主要自卫武器："巴拉克"8导弹、76毫米舰炮等

舰载机数量：30架舰载机

基本参数	
满载排水量	40000吨
全长	262米
全宽	62米
吃水	8.4米
最高航速	28节

"维克兰特"号航空母舰（INS Vikrant IAC-1）是印度自行建造的第一艘航空母舰，舰名是为了纪念印度从英国采购的同名航空母舰。该舰于2009年2月动工建造，2013年8月正式下水，由于印度缺乏建造大型军舰的经验，加上该项目的规模与复杂性，导致建造期间曾多次出现需要延迟施工的情况。2022年7月28日，科钦造船厂将"维克兰特"号航空母舰交付印度海军。然而由于未安装雷达等关键设备且无舰载机，该航空母舰距离形成战斗力还有很长一段时间。

"维克兰特"号航空母舰的飞行甲板上设有两条约200米长的跑道，一条为专供飞机起飞的滑跃跑道，另一条为装有3条拦阻索的着舰跑道。该舰预计可搭载的舰载机有米格-29K战斗机、"光辉"战斗机、卡-31直升机、WS-61"海王"直升机和"北极星"直升机等。

小知识

"维克兰特"号航空母舰拥有全通式斜角飞行甲板，两座升降机分别位于岛式上层建筑的两侧。

泰国"查克里·纳吕贝特"号航空母舰（CVH-911）

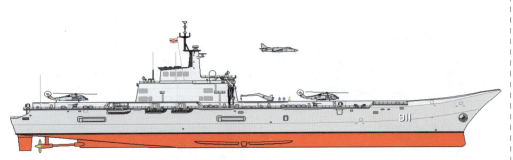

制造商：西班牙巴兹造船厂

服役时间：1997年至今

航空母舰类型：轻型航空母舰

动力来源：2具LM2500燃气轮机

主要自卫武器："西北风"导弹、12.7毫米重机枪等

舰载机数量：6架攻击机、6架直升机

基本参数	
满载排水量	11486吨
全长	182.65米
全宽	30.5米
吃水	6.12米
最高航速	25.5节

"查克里·纳吕贝特"号航空母舰（HTMS Chakri Naruebet CVH-911）是泰国海军目前唯一的航空母舰，与西班牙海军"阿斯图里亚斯亲王"号航空母舰为同级舰。该舰以泰国曼谷王朝开国君主的名字命名，其舷号为911，9在佛教当中有吉祥之意，而11表示"上上"的意思。

"查克里·纳吕贝特"号航空母舰采用滑跃跑道设计，甲板舰部斜坡上翘12度。与"阿斯图里亚斯亲王"号航空母舰相比，"查克里·纳吕贝特"号在多项技战术性能上有了显著的提高。该舰的满载排水量比"阿斯图里亚斯亲王"号缩小了近1/3，而载机量仅减少1/4，单位排水量的载机率有所提高。

▲ "查克里·纳吕贝特"号航空母舰

小 知 识

"查克里·纳吕贝特"号航空母舰配备了AN/SPS-52C对空搜索雷达、AN/SPS-64对海搜索雷达、MX 1105型卫星导航系统、URN-25"塔康"导航系统等电子设备。

冷战时期的航空母舰

第 3 章

冷战时期，喷气式战机发展成熟，这种在重量和航速方面都远大于螺旋桨飞机的新型飞机使航空母舰面临着严峻的考验，促成了斜角飞行甲板、新型弹射器等几种航空母舰关键设备的诞生。20世纪60年代，美国"企业"号核动力航空母舰的问世，把航空母舰的发展推向了一个新高度。

美国"中途岛"号航空母舰（CVB-41）

制造商：纽波特纽斯造船厂

服役时间：1945~1992年

航空母舰类型：大型航空母舰

动力来源：4具威斯汀豪斯蒸汽轮机

主要自卫武器：127毫米舰炮、40毫米防空炮等

舰载机数量：137架（理论）/70架（喷气式改装后）

"中途岛"号航空母舰（USS Midway CVB-41）是美国中途岛级航空母舰的首舰，1943年10月27日动工建造，1945年3月20日下水，同年9月10日正式服役，其时二战刚刚结束。20世纪50年代，"中途岛"号重编为攻击航空母舰，舷号改为CVA-41。1975年，又重编为多用途航空母舰，舷号改为CV-41。

"中途岛"号航空母舰在美国海军数个历史时期服役，也是美国海军历史上服役期最长的舰艇之一，堪称"三朝元老"。该舰经历了喷气式舰载机时代的改装，直到冷战结束仍服役了一小段时间，1992年4月11日才退出现役，之后作为博物馆舰保存在加利福尼亚州的圣迭戈。

与埃塞克斯级航空母舰相比，"中途岛"号航空母舰有相当程度的改进。该舰配备了装甲甲板，有更大的舰体和更低的干舷。不过，"中途岛"号仍存在不少缺点，如舰内空间潮湿、拥挤和过于复杂等，而这些缺点一直没有得到解决。

基本参数

满载排水量	60100吨、70000吨（改造后）
全长	295米、305米（改造后）
全宽	41米、73米（改造后）
吃水	11米
最高航速	33节

▲ "中途岛"号航空母舰

小 知 识

"中途岛"号航空母舰是美国海军第一艘以中途岛为名的军舰，以纪念中途岛海战。

美国"富兰克林·D. 罗斯福"号航空母舰（CVB-42）

制造商：	布鲁克林造船厂
服役时间：	1945~1977年
航空母舰类型：	大型航空母舰
动力来源：	4具威斯汀豪斯蒸汽轮机
主要自卫武器：	127毫米舰炮、40毫米防空炮等
舰载机数量：	137架（理论）/70架（喷气式改装后）

基本参数

满载排水量	60100吨、70000吨（改造后）
全长	295米、305米（改造后）
全宽	41米、73米（改造后）
吃水	11米
最高航速	33节

"富兰克林·D. 罗斯福"号航空母舰（USS Franklin D. Roosevelt CVB-42）是美国中途岛级航空母舰的二号舰，1943年12月1日动工建造，1945年4月29日下水，1945年10月27日正式服役。此后，该舰长时间留在大西洋及地中海执勤，又与北约成员国的海军演习，并时常到访地中海各国的港口。20世纪50年代，"富兰克林·D. 罗斯福"号重编为攻击航空母舰，舷号改为CVA-42。1975年，又重编为多用途航空母舰，舷号改为CV-42。

"富兰克林·D. 罗斯福"号航空母舰原计划装上巡洋舰使用的203毫米舰炮，后来发现应该重点防御飞机的攻击，从而增强了防空火力。该舰一共安装了18门127毫米单管舰炮、21门四联装40毫米博福斯防空炮和28门20毫米厄利空单管防空炮。后期现代化改装后，该舰的自卫武器变为10门双联装76.2毫米舰炮、2座八联装"海麻雀"舰对空导弹发射装置和2座"密集阵"近程防御武器系统。

"富兰克林·D. 罗斯福"号航空母舰装有AN/SPS-49对空搜索雷达、AN/SPS-67水面搜索雷达、AN/SPS-65导航雷达、Mk 115火力控制系统、WLR-1雷达预警系统、WLR-10雷达预警系统等电子设备。

小 知 识

"富兰克林·D. 罗斯福"号航空母舰是美国海军第一艘以美国第32任总统富兰克林·D. 罗斯福为名的军舰。从1933~1945年，富兰克林·D. 罗斯福连续出任四届美国总统。

美国"珊瑚海"号航空母舰（CVB-43）

制造商：纽波特纽斯造船厂

服役时间：1947~1990年

航空母舰类型：大型航空母舰

动力来源：4具威斯汀豪斯蒸汽轮机

主要自卫武器：127毫米舰炮、40毫米防空炮等

舰载机数量：137架（理论）/70架（喷气式改装后）

基本参数	
满载排水量	60100吨、70000吨（改造后）
全长	295米、305米（改造后）
全宽	41米、73米（改造后）
吃水	11米
最高航速	33节

　　"珊瑚海"号航空母舰（USS Coral Sea CVB-43）是美国中途岛级航空母舰的三号舰，舰名是为了纪念太平洋战争中的珊瑚海海战。该舰于1944年7月10日动工建造，1946年4月2日下水，1947年10月1日正式服役。20世纪50年代，"珊瑚海"号重编为攻击航空母舰，舷号改为CVA-43。1975年，又重编为多用途航空母舰，舷号改为CV-43。

　　与"中途岛"号航空母舰和"富兰克林·D. 罗斯福"号航空母舰一样，"珊瑚海"号航空母舰也沿袭了埃塞克斯级航空母舰的舰体设计，舰桥等上层建筑设置在右舷，共设有三部升降机，两部分别在飞行甲板前部和中后部，另一部在甲板左侧。

　　从服役初期到20世纪50年代，"珊瑚海"号航空母舰最多可以搭载137架舰载机。此后，喷气式舰载机逐渐普及，"珊瑚海"号最多可以搭载70架舰载机，包括F/A-18"大黄蜂"战斗/攻击机、EA-6B"徘徊者"电子战飞机、E-2C"鹰眼"预警机、S-3"海盗"反潜机、SH-3"海王"直升机和SH-60"海鹰"直升机等。

小知识

"珊瑚海"号航空母舰曾四次获得美国海军单位集体嘉奖，六次获得弗拉特利海军上将纪念奖，并获得过其他一些奖励和荣誉。

美国"福莱斯特"号航空母舰（CV-59）

制造商：纽波特纽斯造船厂

服役时间：1955~1993年

航空母舰类型：大型航空母舰

动力来源：4具通用电气蒸汽轮机

主要自卫武器：RIM-7导弹、"密集阵"近防炮等

舰载机数量：90架舰载机

基本参数	
满载排水量	81101吨
全长	325米
全宽	73米
吃水	11米
最高航速	33节

"福莱斯特"号航空母舰（USS Forrsetal CV-59）是美国海军福莱斯特级航空母舰的首舰，舰名来源于美国前海军部长、第一任国防部长詹姆斯·文森特·福莱斯特。该舰建造完成后一举超越二战时日本的"信浓"号航空母舰，成为当时世界上最大型的航空母舰。

"福莱斯特"号航空母舰首次采用蒸汽弹射器，飞行甲板吸取英国航空母舰的设计经验，将传统的直通式飞行甲板变为斜角、直通混合布置的飞行甲板，使整个飞行甲板形成起飞、待机和降落三个区域，可同时进行起飞和着舰作业。该舰在舰艏甲板与斜向飞行甲板最前段设有4座蒸汽弹射器，配合4座舷侧升降机，这些都是之后的美国航空母舰一直沿用的标准设计。

▲ "福莱斯特"号航空母舰

小 知 识

由于"福莱斯特"号航空母舰是第一艘在建造时就直接采用斜向飞行甲板的美国航空母舰，因此被视为是美国航空母舰现代化的起点。

美国"萨拉托加"号航空母舰(CV-60)

制造商:纽波特纽斯造船厂

服役时间:1956~1994年

航空母舰类型:大型航空母舰

动力来源:4具通用电气蒸汽轮机

主要自卫武器:RIM-7导弹、"密集阵"近防炮等

舰载机数量:90架舰载机

基本参数

满载排水量	81101吨
全长	325米
全宽	73米
吃水	11米
最高航速	33节

"萨拉托加"号航空母舰(USS Saratoga CV-60)是美国海军福莱斯特级航空母舰的二号舰,舰名是为了纪念美国独立战争中的萨拉托加战役。"萨拉托加"号在服役的38年中,共参加过美国和北约组织的22次行动部署。该舰于1994年8月宣告退役,2016年被拆解。

"萨拉托加"号航空母舰的舰体强度高,以优质合金钢建造,机库、弹药库和飞行甲板均设有装甲,其中飞行甲板装甲厚度为150毫米。舰体从底部至飞行甲板形成整体式箱形结构,增强了整体强度,并增大舰内容积,使载机量增多,同时飞机保障条件和舰员居住性也有了全套改善。全舰有1200多个水密舱,有多层防雷隔舱,有较强的水下防护能力和抗损毁能力。

小知识

2014年5月8日,美国海军与美国国内一家船舶公司商定,以象征性的1美分拆解并回收退役的"萨拉托加"号航空母舰。

美国"游骑兵"号航空母舰（CV-61）

制造商：	纽波特纽斯造船厂
服役时间：	1957~1993年
航空母舰类型：	大型航空母舰
动力来源：	4具通用电气蒸汽轮机
主要自卫武器：	RIM-7导弹、"密集阵"近防炮等
舰载机数量：	90架舰载机

"游骑兵"号航空母舰（USS Ranger CV-61）是美国海军福莱斯特级航空母舰的三号舰，是美国海军第七艘以"游骑兵"为名的军舰。该舰于1957年服役，在太平洋地区游弋，特别是参与越南战争期间赢得了13颗战星标记。服役末期，"游骑兵"号也曾在印度洋和波斯湾服役。

"游骑兵"号航空母舰在舰艏直通甲板与斜角飞行甲板最前段分别设有2具蒸汽弹射器，舷侧的4部升降机载重能力4500吨，尺寸为15.9米×18.9米，4具弹射器配合4部升降机能保障每分钟弹射8架飞机，4分钟内起飞32架飞机，这对于喷气式舰载机进行战斗巡逻是至关重要的。

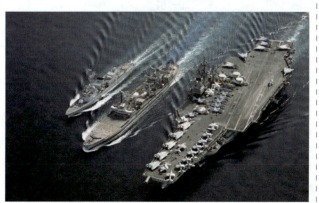

▲ "游骑兵"号航空母舰（右）参加沙漠风暴行动

基本参数

满载排水量	81101吨
全长	325米
全宽	73米
吃水	11米
最高航速	33节

小 知 识

"游骑兵"号航空母舰于1993年退役，曾存放于华盛顿州的布雷默顿海军基地。2015年3月5日，该舰被拖往得克萨斯州的布朗斯维尔进行拆解。

美国"独立"号航空母舰（CV-62）

制造商：纽波特纽斯造船厂

服役时间：1959~1998年

航空母舰类型：大型航空母舰

动力来源：4具通用电气蒸汽轮机

主要自卫武器：RIM-7导弹、"密集阵"近防炮等

舰载机数量：90架舰载机

基本参数	
满载排水量	81101吨
全长	325米
全宽	73米
吃水	11米
最高航速	33节

"独立"号航空母舰（USS Independence CV-62）是美国海军福莱斯特级航空母舰的四号舰，是美国海军第五艘命名为"独立"号的军舰，也是第二艘命名为"独立"号的航空母舰。

"独立"号航空母舰早期多数时间在地中海舰队服役，1965年曾参与越南战争的一次任务，在黎巴嫩内战期间参与空袭叙利亚。1988年9月，为实现美国海军的"前沿部署"战略，"独立"号被派往日本横须贺港，并以此为基地，成为美国海军第一艘以远东为基地的航空母舰。1995年6月30日，服役36年的"独立"号成为当时美国海军在役军舰中最老的一艘。1998年7月，"小鹰"号航空母舰接替了"独立"号的位置。同年9月，"独立"号退役。

小 知 识

"独立"号航空母舰在建造时拥有重炮火力，服役后火炮数量很快减少，在1977年拆除了所有的火炮，后来还改进了电子系统。

美国"小鹰"号航空母舰（CV-63）

制造商：	纽约造船公司
服役时间：	1961~2009年
航空母舰类型：	大型航空母舰
动力来源：	4具通用电气蒸汽轮机
主要自卫武器：	RIM-7导弹、"密集阵"近防炮等
舰载机数量：	80架舰载机

"小鹰"号航空母舰（USS Kitty Hawk CV-63）是美国海军小鹰级常规动力航空母舰的首舰，以北卡罗来纳州的小鹰镇命名，当地也是莱特兄弟首次成功飞行的地点。

"小鹰"号航空母舰在总体设计上沿袭了福莱斯特级航空母舰的设计特点，其舰型特点、尺寸、排水量、动力装置等都与福莱斯特级区别不大，但"小鹰"号在上层建筑、防空武器、电子设备、舰载机配备等方面均做了较大改进。该舰共拥有4条Mk 7拦阻索、4具C-13蒸汽弹射器，飞行甲板面积有所增加，飞行甲板的布局也有所改良。

▲ "小鹰"号航空母舰

基本参数

满载排水量	83090吨
全长	326米
全宽	86米
吃水	12米
最高航速	33节

小 知 识

"小鹰"号航空母舰不仅是服役最久的同级舰，也是美国海军最后一艘退役的常规动力航空母舰。此后，美国海军的航空母舰全部核动力化。

美国"星座"号航空母舰（CV-64）

制造商：布鲁克林造船厂

服役时间：1961~2003年

航空母舰类型：大型航空母舰

动力来源：4具通用电气蒸汽轮机

主要自卫武器：RIM-7导弹、"密集阵"近防炮等

舰载机数量：80架舰载机

"星座"号航空母舰（USS Constellation CV-64）是美国海军小鹰级常规动力航空母舰的二号舰，性能与"小鹰"号航空母舰基本相同。1961年10月27日，"星座"号开始服役，隶属美国海军太平洋舰队，以加利福尼亚州的圣迭戈海军基地为母港。

"星座"号航空母舰装备了3座八联装"海麻雀"舰对空导弹发射装置、"密集阵"近程防御武器系统、SRBOC电子对抗诱饵发射装置、SLQ-36"女水妖"拖曳式诱饵、SPS-49远程对空搜索雷达、SPS-10F水面搜索雷达、TAS导弹瞄准系统、SPS-64导航雷达、SPS-48E三维火力控制系统、Mk-95火力控制系统等武装及雷达装备。

▲ "星座"号航空母舰

基本参数	
满载排水量	83090吨
全长	326米
全宽	86米
吃水	12米
最高航速	33节

小知识

"星座"号航空母舰曾参演战争电影《珍珠港》（2001年），在电影中扮演"大黄蜂"号航空母舰。场景为B-25轰炸机从"大黄蜂"号起飞，执行空袭东京任务。

美国"美利坚"号航空母舰（CV-66）

制造商：纽波特纽斯造船厂

服役时间：1965~1996年

航空母舰类型：大型航空母舰

动力来源：4具通用电气蒸汽轮机

主要自卫武器：RIM-7导弹、"密集阵"近防炮等

舰载机数量：80架舰载机

基本参数	
满载排水量	83090吨
全长	326米
全宽	86米
吃水	12米
最高航速	33节

"美利坚"号航空母舰（USS America CV-66）是美国海军小鹰级常规动力航空母舰的三号舰，服役期间参加过越南战争、沙漠风暴行动、持续自由行动等重要战事。该舰于1996年8月退役，2005年5月用于试验被炸沉。

"美利坚"号航空母舰采用了封闭式的加强飞行甲板，从舰底至飞行甲板形成整体的箱形结构。从最底层到舰桥大约有18层楼高，飞行甲板以下分为10层，飞行甲板以上的岛式上层建筑分为8层。该舰搭载的舰载机有F-14A"雄猫"战斗机、F/A-18C"大黄蜂"战斗/攻击机、A-6E"入侵者"攻击机、E-2C"鹰眼"预警机、EA-6B"徘徊者"电子战飞机、S-3B"北欧海盗"反潜机、SH-60F"海鹰"反潜直升机、HH-60H"黑鹰"救援直升机等。

▲ "美利坚"号航空母舰

小知识

1965年末，"美利坚"号航空母舰驶往地中海进行第一次部署。1966年元旦，该舰停靠在意大利利沃诺港。之后，"美利坚"号航空母舰到访了夏纳、热那亚、土伦、伊斯坦布尔、贝鲁特、瓦莱塔、塔兰托、帕尔马、波连萨湾。

美国"约翰·F. 肯尼迪"号航空母舰（CV-67）

制造商：	纽约造船公司
服役时间：	1968~2007年
航空母舰类型：	大型航空母舰
动力来源：	4具通用电气蒸汽轮机
主要自卫武器：	RIM-7导弹、"密集阵"近防炮等
舰载机数量：	80架舰载机

基本参数	
满载排水量	83090吨
全长	326米
全宽	86米
吃水	12米
最高航速	33节

"约翰·F. 肯尼迪"号航空母舰（USS John F. Kennedy CV-67）是美国海军小鹰级常规动力航空母舰的四号舰，舰名来源于美国第35任总统约翰·F. 肯尼迪。

"约翰·F. 肯尼迪"号航空母舰原计划采用核动力，最后因经费不足而改用常规动力。它和其他小鹰级航空母舰在外观上最大的区别是舰桥结构旁向外伸出的烟囱。该舰在直角和斜角甲板上各有两具C-13蒸汽弹射器，在斜角甲板上有4道Mk 7拦阻索和1道拦阻网，共设有4部甲板边缘升降机。升降机造型有所改进，以便停放较长的飞机。

▲ "约翰·F. 肯尼迪"号航空母舰

小知识

1989年，两架从"约翰·F. 肯尼迪"号航空母舰上起飞的F-14"雄猫"战斗机在地中海的锡德拉湾击落两架利比亚的苏制米格-23战斗机，被称为第二次锡德拉湾事件。

美国"企业"号航空母舰（CVN-65）

"企业"号航空母舰（USS Enterprise CVN-65）是美国海军第一艘使用核反应堆作为动力来源的航空母舰，舰名来源于美国独立战争期间美军俘获并更名的一艘英国单桅纵帆船。

"企业"号航空母舰的外形与小鹰级航空母舰基本相同，采用了封闭式飞行甲板，从舰底至飞行甲板形成整体箱形结构。飞行甲板经过特别强化，厚达50毫米，并在关键部位设有装甲。水下部分的舷侧装甲厚达150毫米，并设有多层防鱼雷隔舱。在斜直两段甲板上分别设有2具C-13蒸汽弹射器，斜角甲板上设有4道Mk 7拦阻索和1道拦阻网，升降机为右舷3部，左舷1部。

▲ "企业"号航空母舰

- 制造商：纽波特纽斯造船厂
- 服役时间：1962~2012年
- 航空母舰类型：大型航空母舰
- 动力来源：8座西屋A2W核反应堆
- 主要自卫武器：RIM-7导弹、RIM-116导弹等
- 舰载机数量：90架舰载机

基本参数

满载排水量	94781吨
全长	332米
全宽	78.4米
吃水	12米
最高航速	33.6节

小知识

"企业"号航空母舰在2012年12月1日举行退役仪式，由于移除核反应堆时必须先拆解大面积舰体，再加上保留舰岛的成本过高，故此美国海军将其全舰拆解，而不保留作博物馆舰。

苏联/俄罗斯"基辅"号航空母舰

"基辅"(Kiev)号航空母舰是俄罗斯海军基辅级常规动力航空母舰的首舰,以乌克兰首府基辅命名。

与美国和英国航空母舰"拼命腾出空间停飞机"的设计理念不同,"基辅"号航空母舰的甲板面积中仅有60%作飞机起飞停放之用。为满足垂直起降舰载机的起飞要求(发动机喷气口需要垂直向下,喷出高温气体以提供起飞动力),飞机起飞点均使用了特别研制的甲板热防护层。"基辅"号有2座升降机,分别安装在舰桥左侧和舰桥后方。该舰拥有强大的火力,装有标准的巡洋舰武装,具备对舰、对潜、对空的全方位打击火力,对舰载机依赖性较小。

制造商:尼古拉耶夫造船厂
服役时间:1975~1993年
航空母舰类型:中型航空母舰
动力来源:4具蒸汽轮机
主要自卫武器:P-500导弹、AK-630近防炮等
舰载机数量:30架舰载机

基本参数

满载排水量	41370吨
全长	273米
全宽	49.2米
吃水	8.95米
最高航速	32节

小知识
1985年,"基辅"号航空母舰由于在作战训练中成绩突出而荣膺红旗勋章。苏联解体后,由俄罗斯接手该舰,但由于俄罗斯经费不足,最终于1993年退役。

苏联/俄罗斯"明斯克"号航空母舰

"明斯克"(Minsk)号航空母舰是俄罗斯海军基辅级常规动力航空母舰的二号舰,以白俄罗斯首府明斯克命名。该舰于1993年退役后,被改建为军事主题公园,目前停泊于江苏南通。

"明斯克"号航空母舰的基本设计与"基辅"号航空母舰一致,苏联给予该舰的定位依旧是"航空巡洋舰",舰上装有标准的巡洋舰武装,负责对海面目标作战,而舰上飞机则负责制空以及反潜作战任务。不过也因苏联海军的这种作战思路,"明斯克"号飞行甲板的面积相较于别国同吨位的航空母舰而言严重偏小,不能起降常规的喷气式飞机,只能起降垂直/短距起降的喷气式飞机或直升机,包括雅克-38、雅克-141等垂直起降战斗机以及卡-25、卡-27等直升机。

制造商:尼古拉耶夫造船厂
服役时间:1978~1993年
航空母舰类型:中型航空母舰
动力来源:4具蒸汽轮机
主要自卫武器:P-500导弹、AK-630近防炮等
舰载机数量:30架舰载机

基本参数

满载排水量	41380吨
全长	273米
全宽	49.2米
吃水	8.94米
最高航速	32节

小知识
由于雅克-38战斗机的可靠性不佳,具备超音速飞行能力的雅克-141战斗机直至苏联解体也未能量产服役,所以"明斯克"号航空母舰虽然在作战半径范围内拥有强大火力,但有效作战半径却远逊于同时代的美国海军航空母舰。

苏联/俄罗斯"诺沃罗西斯克"号航空母舰

"诺沃罗西斯克"（Novorossiysk）号航空母舰是俄罗斯海军基辅级常规动力航空母舰的三号舰，以俄罗斯南部的克拉斯诺达尔边疆区一个港口城市诺沃罗西斯克命名，该城也是苏联仅有的几个英雄城市之一。

除搭载有舰载机外，"诺沃罗西斯克"号航空母舰还装备了用于反舰、防空、反潜的舰载武器，单舰战斗力强大，对护航舰艇的依赖性较小，主要使命是执行编队反潜和制空、防空任务，担任编队指挥舰，实施空中侦察和警戒，攻击敌方航空母舰编队和水面舰艇，并为其他水面舰艇和潜艇提供反舰导弹超视攻击、中继制导或目标指示，支援两栖作战，实施垂直登陆等。

制造商：尼古拉耶夫造船厂
服役时间：1982~1993年
航空母舰类型：中型航空母舰
动力来源：4具蒸汽轮机
主要自卫武器：P-500导弹、AK-630近防炮等
舰载机数量：30架舰载机

基本参数

满载排水量	43220吨
全长	273米
全宽	51.3米
吃水	9.3米
最高航速	32节

小知识

1995年底，"明斯克"号航空母舰与"诺沃罗西斯克"号航空母舰被韩国大宇集团以1300万美元的价格买下，条件是必须把它们拆解成2平方米左右的钢板并且不能用于军事目的。后来，"明斯克"号被中国买下，改建为军事主题公园。"诺沃罗西斯克"号则被拆解。

苏联/俄罗斯"戈尔什科夫"号航空母舰

"戈尔什科夫"（Gorshkov）号航空母舰是俄罗斯海军基辅级常规动力航空母舰的四号舰，原名"巴库"号。相较于其他同级舰，"巴库"号在电子设备和舰载武器方面都有很大不同。

苏联解体后，巴库是独立的阿塞拜疆的首都，而该舰已隶属俄罗斯海军，故改名为"戈尔什科夫"号航空母舰。1992年，该舰在码头维修时发生火灾，此后就一直在维修状态，1994年又发生了锅炉爆炸事件。该舰因此在停泊港内丧失了行动能力，原计划于1995年维修完成后恢复服役，但该计划随即又被取消。2004年1月，俄罗斯同意将"戈尔什科夫"号出售给印度。

制造商：尼古拉耶夫造船厂
服役时间：1987~1994年
航空母舰类型：中型航空母舰
动力来源：4具蒸汽轮机
主要自卫武器：P-500导弹、AK-630近防炮等
舰载机数量：30架舰载机

基本参数

满载排水量	44490吨
全长	273米
全宽	51.9米
吃水	9.42米
最高航速	32节

小知识

"戈尔什科夫"号航空母舰的舰名来源于苏联海军元帅谢尔盖·格奥尔基耶维奇·戈尔什科夫，他是20世纪苏联海军史上很有成效的一任海军总司令。

苏联/乌克兰"乌里杨诺夫斯克"号航空母舰

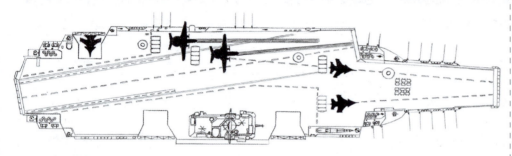

制造商：	尼古拉耶夫造船厂
服役时间：	从未服役
航空母舰类型：	大型航空母舰
动力来源：	4座KN-3-43核反应堆
主要自卫武器：	P-700导弹、AK-630近防炮等
舰载机数量：	68架舰载机

基本参数	
满载排水量	75000吨
全长	321.2米
全宽	83.9米
吃水	10.6米
最高航速	30节

"乌里杨诺夫斯克"（Ulyanovsk）号航空母舰是苏联时代建造的第一艘核动力航空母舰，1988年11月动工建造。苏联解体后，由乌克兰继承该舰，但由于乌克兰经济实力不足，该舰于1991年11月彻底停工，后来以废钢铁出售。

"乌里杨诺夫斯克"号航空母舰的飞行甲板铺设3具蒸汽弹射器，机库理论上可容纳近70架飞机，具体搭载方案为：27架苏-27K战斗机，15架苏-25攻击机，20架卡莫夫系列直升机，若干架AN-71预警机以及辅助机种，全舰编制2300人，其中包括1500名航空勤务人员。主要电子设备为"顶板"三坐标雷达和"双撑面"对空/对海搜索雷达，舰载武器基本上与"库兹涅佐夫"号航空母舰相同。

小知识

"乌里杨诺夫斯克"号航空母舰的舰名源于苏联城市乌里扬诺夫斯克，而该城市则是为了纪念列宁（本名为弗拉基米尔·伊里奇·乌里扬诺夫）命名的。

英国"鹰"号航空母舰（R05）

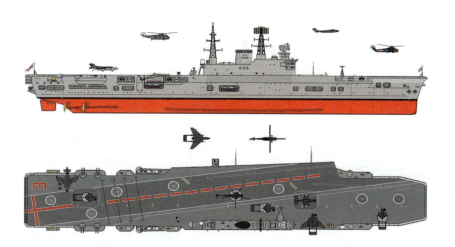

制造商：哈兰德与沃尔夫造船厂
服役时间：1951~1972年
航空母舰类型：大型航空母舰
动力来源：4具蒸汽轮机
主要自卫武器：114毫米防空炮、40毫米机炮等
舰载机数量：60架舰载机

基本参数	
满载排水量	47000吨
全长	245米
全宽	41米
吃水	10.13米
最高航速	31节

"鹰"号航空母舰（HMS Eagle R05）是英国海军大胆级航空母舰的首舰，原名"大胆"号航空母舰（HMS Audacious），1942年10月24日动工建造，建造工程曾因二战结束而一度停顿，1946年3月19日下水时改名为"鹰"号，以纪念1942年时在马耳他附近海域战损的前一代同名航空母舰。

1951年10月5日，"鹰"号航空母舰正式服役。1954~1955年接受现代化改装，1959年5月11日暂停服役，1959年10月至1964年5月接受第二次彻底改装，1966~1967年又进行了第三次改装，最终因维修成本过高，于1972年1月25日除役，1978年6月10日被出售并拆解。

"鹰"号航空母舰沿用了高干舷，封闭式舰艏，双层机库，舰桥、烟囱一体化的岛式上层建筑位于右舷的设计，甲板前后各有一部升降机。1955年改装后增加了斜角飞行甲板，1967年第三次改装后增加了弹射器和着舰制动装置。"鹰"号的船体垂直装甲厚114毫米，水线装甲厚114毫米，甲板装甲厚102毫米，机库装甲厚64毫米（改装后达到114毫米），机库侧部装甲厚38毫米。

▲ "鹰"号航空母舰

小 知 识

英国海军原计划建造4艘大胆级航空母舰，由于建造工程进展缓慢，只有两艘赶在二战结束之前竣工，另外两艘尚未建成便被解体。

英国"皇家方舟"号航空母舰（R09）

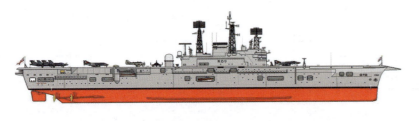

"皇家方舟"号航空母舰（HMS Ark Royal R09）是英国海军大胆级航空母舰的二号舰，原名"无阻"号（HMS Irresistible），但由于在建造时原本被派去地中海的"皇家方舟"号航空母舰（HMS Ark Royal 91）被德国潜艇击沉，故"无阻"号改名为"皇家方舟"号作为继承，成为英国海军第二艘"皇家方舟"号航空母舰。

"皇家方舟"号航空母舰的建造工程因二战结束而一度停顿，直至1955年2月才服役。该舰于1956年进行第一次现代化改装，1958年7月~1959年12月接受第二次改装，1961年接受第三次改装。1966年，英国海军停止CVA-01航空母舰计划后，"皇家方舟"号通过改善航空设施，以及雷达、对空武器装备等尽量延长服役时间。1966年10月~1970年2月接受第四次改装，1976年10月~1977年5月接受第五次改装，1978年达到服役极限，1978年12月4日除役，1980年2月15日被出售并拆解。

制造商：	凯莫尔·莱尔德造船厂
服役时间：	1955~1979年
航空母舰类型：	大型航空母舰
动力来源：	4具蒸汽轮机
主要自卫武器：	114毫米防空炮、40毫米机炮等
舰载机数量：	50架舰载机

基本参数

满载排水量	47000吨
全长	245米
全宽	41米
吃水	10.13米
最高航速	31节

小知识

"皇家方舟"号航空母舰起初未设计对空雷达、对海雷达、航海雷达、火控雷达和干扰装置等电子设备。1956年改装后，安装有293Q型对空警戒雷达、960型对空警戒雷达、982型对空对海警戒雷达和983型雷达，最后一次改装后又安装更新了965型对空警戒雷达。

▲ "皇家方舟"号航空母舰

英国"巨人"号航空母舰（R15）

制造商：维克斯-阿姆斯特朗公司

服役时间：1944~1946年（英国）、1946~1974年（法国）

航空母舰类型：轻型航空母舰

动力来源：2具蒸汽轮机

主要自卫武器：40毫米舰炮、20毫米机炮等

舰载机数量：48架舰载机

基本参数

满载排水量	18300吨
全长	212米
全宽	24.4米
吃水	7.2米
最高航速	25节

"巨人"号航空母舰（HMS Colossus R15）是英国海军巨人级航空母舰的首舰，1942年6月19日动工建造，1943年9月30日下水，1944年12月正式服役。1945年，"巨人"号进入太平洋，但战争即将结束。1946年，"巨人"号回到英国，同年7月23日退役。1946年8月6日，英国将"巨人"号租界给法国，租借期5年。1951年，租借期满后，法国买下了"巨人"号，并重新命名为"阿罗芒什"号。

"巨人"号航空母舰及其同级舰的吨位和性能介于舰队航空母舰和护航航空母舰之间，一般的商船船厂都能胜任建造工作，不需要具有航空母舰建造经验的大型船厂。该舰采用高干舷，封闭式舰艏，舰桥、烟囱一体化的岛式上层建筑位于右舷，飞行甲板前部和后部各设有一部升降机。

1957~1958年，该舰进行了改装：增加了狭窄的斜角甲板和着舰反射镜，拆除了弹射器和防空炮，改装为反潜/训练航空母舰。1968年再次进行了改装，被定级为攻击型直升机航空母舰，主要担负反潜任务，配备24~30架反潜直升机，仍然用于飞行员的考评工作。1974年1月22日，该舰退役闲置，随后出售，1978年拆解。

小 知 识

1944年底，"巨人"号航空母舰被派遣到驻扎在斯里兰卡首都科伦坡的英国太平洋舰队，与美国一起参加了同日本的最后决战。

英国"光荣"号航空母舰（R62）

"光荣"号航空母舰（HMS Glory R62）是英国海军巨人级航空母舰的二号舰，1942年11月8日动工建造，1943年11月27日下水，1945年4月2日正式服役。1956年，"光荣"号退出现役，转为预备役，1961年解体。

与"巨人"号航空母舰一样，"光荣"号航空母舰主要用于舰队作战，为了加快建造速度，水线以下船体是按劳氏船级社的商船规范建造的，为了满足航速的要求，采用了双轴推进。为了减少费用，"光荣"号参考了英国光辉级航空母舰的设计，但"光荣"号并没有铺设装甲，主要是考虑到建造速度。

制造商：哈兰德与沃尔夫造船厂
服役时间：1945～1956年
航空母舰类型：轻型航空母舰
动力来源：2具蒸汽轮机
主要自卫武器：40毫米舰炮、20毫米机炮等
舰载机数量：48架舰载机

基本参数

满载排水量	18300吨
全长	212米
全宽	24.4米
吃水	7.2米
最高航速	25节

英国"海洋"号航空母舰（R68）

"海洋"号航空母舰（HMS Ocean R68）是英国海军巨人级航空母舰的三号舰，1942年11月8日动工建造，1944年7月8日下水，1945年8月8日正式服役。1957年12月5日，"海洋"号退役封存。1960年出售，随后拆解。

"海洋"号航空母舰的设计目标是简单和易于建造，它取消了装甲，采用单层机库和轻型防空炮，以及巡洋舰主机。在确保结构刚性的前提下，减少了一些舰内夹层防护结构。动力部分采用了英国海军规定的标准单元配置，以减少水下破损。为了满足航空母舰加速的需要，"海洋"号装有驱逐舰上采用的双轴引擎。

制造商：维克斯-阿姆斯特朗公司
服役时间：1945～1960年
航空母舰类型：轻型航空母舰
动力来源：2具蒸汽轮机
主要自卫武器：40毫米舰炮、20毫米机炮等
舰载机数量：48架舰载机

基本参数

满载排水量	18300吨
全长	212米
全宽	24.4米
吃水	7.2米
最高航速	25节

小知识

1945年12月3日，"海洋"号航空母舰进行了世界上首次喷气式飞机着舰试验。英国海军少校布朗驾驶德哈维兰"海上吸血鬼"Ⅰ式三号原型机，在"海洋"号上实现了第一次喷气式飞机着舰，此后在两天里又集中进行了15次起飞和降落，证明喷气式飞机可以在航空母舰上使用。

英国"珀尔修斯"号航空母舰（R51）

"珀尔修斯"号航空母舰（HMS Perseus R51）是英国海军"巨人"级航空母舰的四号舰，1943年1月1日动工建造，1944年3月26日下水，1945年10月19日正式服役。1946年5月，"珀尔修斯"号退役封存。1949年，作为蒸汽弹射器试验舰重新服役。1952年6月，"珀尔修斯"号被改装为运输舰。1954年退出现役，1958年被出售并拆解。

"珀尔修斯"号航空母舰和"先锋"号航空母舰有时也单独划分为珀尔修斯级维修母舰。两舰在建造时就预定作为太平洋舰队的维修母舰，因此拥有大面积作业车间和全套维修设施，排水量也比同级舰稍小。由于飞行甲板上安装了两部大型起重机和修理舱，已经无法像"独角兽"号航空母舰一样起降飞机。

制造商：维克斯-阿姆斯特朗公司
服役时间：1945~1954年
航空母舰类型：轻型航空母舰
动力来源：2具蒸汽轮机
主要自卫武器：40毫米舰炮、20毫米机炮等
舰载机数量：48架舰载机

基本参数

满载排水量	16800吨
全长	212米
全宽	24.4米
吃水	7米
最高航速	25节

英国"先锋"号航空母舰（R76）

"先锋"号航空母舰（HMS Pioneer R76）是英国海军巨人级航空母舰的五号舰，原计划命名为"埃尼安"号，1942年更名为"火星"号，同年12月2日动工建造，1944年5月20日下水，1945年2月8日作为维修母舰完工，更名为"先锋"号。1946年5月17日，"先锋"号退役封存，1954年被出售并拆解。

制造商：维克斯-阿姆斯特朗公司
服役时间：1945~1954年
航空母舰类型：轻型航空母舰
动力来源：2具蒸汽轮机
主要自卫武器：40毫米舰炮、20毫米机炮等
舰载机数量：48架舰载机

基本参数

满载排水量	16800吨
全长	212米
全宽	24.4米
吃水	7米
最高航速	25节

小知识

"先锋"号航空母舰由维克斯-阿姆斯特朗公司负责建造。该公司是英国的一家著名造船公司，由维克斯有限公司和阿姆斯特朗-惠特沃斯公司于1927年合并而成。20世纪60~70年代，公司大部分股份被国有化，剩余部分于1977年转为维克斯公共有限公司。

英国"忒修斯"号航空母舰（R64）

"忒修斯"号航空母舰（HMS Theseus R64）是英国海军巨人级航空母舰的六号舰，1943年动工建造，1944年7月6日下水，1946年2月9日正式服役。1956年12月21日，"忒修斯"号退役，1962年拆解。

制造商：费尔菲尔德造船厂

服役时间：1946~1956年

航空母舰类型：轻型航空母舰

动力来源：2具蒸汽轮机

主要自卫武器：40毫米舰炮、20毫米机炮等

舰载机数量：48架舰载机

基本参数

满载排水量	18300吨
全长	212米
全宽	24.4米
吃水	7.2米
最高航速	25节

英国"凯旋"号航空母舰（R16）

"凯旋"号航空母舰（HMS Triumph R16）是英国海军巨人级航空母舰的七号舰，1943年1月27日动工建造，1944年11月2日下水，1946年5月正式服役。1956年，"凯旋"号退出现役，并改装为维修母舰，1962年重新服役。1975年，"凯旋"号永久性退役，1981年被出售并拆解。

制造商：霍索恩·莱斯利公司

服役时间：1946~1975年

航空母舰类型：轻型航空母舰

动力来源：2具蒸汽轮机

主要自卫武器：40毫米舰炮、20毫米机炮等

舰载机数量：48架舰载机

小知识

"凯旋"号航空母舰由霍索恩·莱斯利公司负责建造。该公司位于英国东部泰恩河畔的纽卡斯尔。此地是英国一个重要的产业基地，从19世纪至20世纪中期，泰恩河两岸曾经有着多家重要的造船厂，包括霍索恩·莱斯利造船厂、帕尔默造船厂、斯旺·亨特造船厂以及著名的阿姆斯特朗公司旗下的沃克和埃尔斯威克造船厂。

基本参数

满载排水量	18300吨
全长	212米
全宽	24.4米
吃水	7.2米
最高航速	25节

英国"尊敬"号航空母舰（R63）

"尊敬"号航空母舰（HMS Venerable R63）是英国海军巨人级航空母舰的八号舰，1942年12月3日动工建造，1943年12月30日下水，1945年1月17日正式服役。1947年3月30日，"尊敬"号从英国海军退役。1948年5月，英国海军将其出售给荷兰海军，并改名为"卡尔·杜尔曼"号。1955年，该舰加装了斜角甲板。

1968年10月8日，该舰被出售给阿根廷，重新命名为"五月二十五日"号，更换了动力装置，1969年3月12日重新服役。1986年，"五月二十五日"号暂停服役，1988年开始计划大规模的现代化改装，但计划中途取消。1993年，"五月二十五日"号永久性退役，1999年被出售并拆解。

制造商：坎贝尔·莱德船厂
服役时间：1945~1948年（英国）、
　　　　　1948~1968年（阿根廷）、
　　　　　1969~1993年（阿根廷）
航空母舰类型：轻型航空母舰
动力来源：2具蒸汽轮机
主要自卫武器：40毫米舰炮、20毫米机炮等
舰载机数量：48架舰载机

基本参数

满载排水量	18300吨
全长	212米
全宽	24.4米
吃水	7.2米
最高航速	25节

小知识

1982年，"五月二十五日"号航空母舰参与了马岛战争，当时舰上有美制A-4"天鹰"攻击机和法制"超军旗"攻击机。5月2日，英国舰队进入了"五月二十五日"号舰上攻击机的打击范围，但当时"五月二十五日"号所在位置没有起风，即使"五月二十五日"号加速至最快25节航速，仍不足以把满载弹药的A-4攻击机弹射升空，这样白白放过了英国舰队。

英国"复仇"号航空母舰（R71）

"复仇"号航空母舰（HMS Vengeance R71）是英国海军巨人级航空母舰的九号舰，1942年11月16日动工建造，1943年2月23日下水，1945年1月15日正式服役。1952年11月13日，"复仇"号被租借给澳大利亚，1955年8月13日退役，同年10月25日归还给英国。

1956年12月12日，"复仇"号航空母舰被出售给巴西，重新命名为"米纳斯·吉拉斯"号。1956~1960年，该舰加装了斜角飞行甲板、蒸汽弹射器、助降镜、炮瞄雷达等，上层建筑也进行了改造。1976~1980年，该舰进行大修，1987年封存。1991~1993年，该舰再次进行改装，安装了新的飞机进场管制雷达、电子设备、作战数据系统、通信系统，发电机和锅炉也进行了更新及更换。1993年11月，该舰重新服役。2001年10月16日，该舰永久性退役，2004年被出售并拆解。

制造商：斯旺·亨特造船厂
服役时间：1945~1952年（英国）、
　　　　　1952~1955年（澳大利亚）、
　　　　　1956~2001年（巴西）
航空母舰类型：轻型航空母舰
动力来源：2具蒸汽轮机
主要自卫武器：40毫米舰炮、20毫米机炮等
舰载机数量：48架舰载机

基本参数

满载排水量	18300吨
全长	212米
全宽	24.4米
吃水	7.2米
最高航速	25节

小知识

"米纳斯·吉拉斯"号航空母舰通常搭载6~8架AF-1战斗机、4~6架SH-3A或SH-3D直升机、2架UH-13直升机或3架UH-14直升机。

英国"勇士"号航空母舰（R31）

"勇士"号航空母舰（HMS Warrior R31）是英国海军巨人级航空母舰的十号舰，1942年12月12日动工建造，1944年5月20日下水，1945年正式服役。1946~1948年，英国海军将"勇士"号租借给加拿大海军，1948年3月23日归还给英国。1954年，该舰加装了斜角飞行甲板。1958年2月，该舰退出现役，同年7月4日出售给阿根廷海军，重新命名为"独立"号。1970年，该舰永久性退役，1971年3月被出售并拆解。

制造商：哈兰德与沃尔夫造船厂

服役时间：1945~1946年

航空母舰类型：轻型航空母舰

动力来源：2具蒸汽轮机

主要自卫武器：40毫米舰炮、20毫米机炮等

舰载机数量：48架舰载机

基本参数

满载排水量	18300吨
全长	212米
全宽	24.4米
吃水	7.2米
最高航速	25节

小知识

阿根廷海军装备过的两艘航空母舰都是英国建造的，还都是"三手货"。"五月二十五日"号航空母舰历经英国、荷兰两国之手；而"独立"号航空母舰则历经英国、加拿大两国之手。

英国"半人马"号航空母舰（R06）

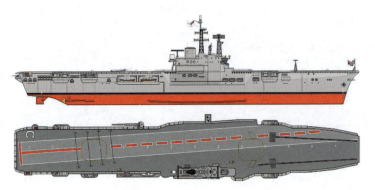

"半人马"号航空母舰（HMS Centaur R06）是英国海军半人马级航空母舰的首舰，1944年在哈兰德与沃尔夫造船厂开工，由于二战影响，直到1947年4月才下水，1953年9月开始服役。20世纪50年代末，由于飞行甲板和机库面积过小，"半人马"号及其同级舰无法搭载大型喷气式舰载机，因此转用于其他任务。"半人马"号于1966年转入预备役，1972年被拆解。

"半人马"号航空母舰的大型岛形上层建筑位于舰舯部右舷，中等高度的封闭型桅杆位于岛形上层建筑的前缘，装有对空搜索雷达天线；低矮的方形烟囱，位于岛形上层建筑中部；高大的主桅位于岛形上层建筑的后缘，安装有对空/对海搜索雷达和通信天线；起吊设备紧靠岛形上层建筑后方右舷。在完成接受喷气式飞机起降的改装后，拆除了部分高炮，安装5度斜角甲板。

制造商：哈兰德与沃尔夫造船厂

服役时间：1953~1972年

航空母舰类型：轻型航空母舰

动力来源：2具燃气轮机

主要自卫武器：40毫米舰炮

舰载机数量：42架舰载机

基本参数

满载排水量	24000吨
全长	224.87米
全宽	37米
吃水	8.5米
最高航速	28节

英国"阿尔比恩"号航空母舰（R07）

"阿尔比恩"号航空母舰（HMS Albion R07）是英国海军半人马级航空母舰的二号舰，1944年3月动工建造，1947年5月下水，1954年5月正式服役。1961~1962年，"阿尔比恩"号接受了突击航空母舰的改装。

"阿尔比恩"号航空母舰最初装有2座六联装博福斯40毫米高炮，8座双联装博福斯40毫米高炮，4座单联装博福斯40毫米高炮，4座单联装3磅（1磅＝0.45千克，下同）礼炮。改装为突击航空母舰后，自卫武器仅剩下4座双联装博福斯40毫米高炮。该舰最初的常用载机量为22~26架，机库最多可以存放42架舰载机。改装为突击航空母舰后，可以搭载16架直升机、4艘登陆艇和733名海军陆战队员。

制造商：	斯旺·亨特造船厂
服役时间：	1954~1973年
航空母舰类型：	轻型航空母舰
动力来源：	2具燃气轮机
主要自卫武器：	40毫米舰炮
舰载机数量：	42架舰载机

基本参数

满载排水量	24000吨
全长	224.87米
全宽	37米
吃水	8.5米
最高航速	28节

小知识

1967年，"阿尔比恩"号航空母舰参与了英国海军从亚丁撤军。1971年6月，该舰驶向新加坡，进行了一次全功率试验，并在途中遭遇台风。

英国"壁垒"号航空母舰（R08）

"壁垒"号航空母舰（HMS Bulwark R08）是英国海军半人马级航空母舰的三号舰，1945年5月10日动工建造，1948年6月22日下水，1954年11月4日正式服役。1959~1960年，"壁垒"号被改装为突击航空母舰。

与"阿尔比恩"号航空母舰一样，"壁垒"号航空母舰最初装有2座六联装博福斯40毫米高炮，8座双联装博福斯40毫米高炮，4座单联装博福斯40毫米高炮，4座单联装3磅礼炮。改装为突击航空母舰后，自卫武器仅剩下4座双联装博福斯40毫米高炮。在改装前后的舰载机数量上，"壁垒"号也与"阿尔比恩"号相同。电子设备方面，"壁垒"号和"阿尔比恩"号都装有965型对空搜索雷达、960型对海搜索雷达、982型航海雷达、227Q型和293Q型战斗机导航雷达。

制造商：	哈兰德与沃尔夫造船厂
服役时间：	1954~1984年
航空母舰类型：	轻型航空母舰
动力来源：	2具燃气轮机
主要自卫武器：	40毫米舰炮
舰载机数量：	42架舰载机

基本参数

满载排水量	24000吨
全长	224.87米
全宽	37米
吃水	8.5米
最高航速	28节

1971年9月，"壁垒"号航空母舰参加了在地中海东部举行的演习。同年12月，"壁垒"号在靠近南斯拉夫海岸的时候，一间锅炉房遭遇了火灾，不得不在仅有一具锅炉工作的情况下返回普利茅斯维修。

英国"竞技神"号航空母舰（R12）

制造商：	维克斯-阿姆斯特朗公司
服役时间：	1959~1986年
航空母舰类型：	轻型航空母舰
动力来源：	2具燃气轮机
主要自卫武器：	40毫米舰炮
舰载机数量：	37架舰载机

基本参数

满载排水量	28000吨
全长	226.9米
全宽	43.9米
吃水	8.5米
最高航速	28节

"竞技神"号航空母舰（HMS Hermes R12）是英国海军半人马级航空母舰的四号舰，1944年6月21日动工建造，1945年因二战结束而停工，1947年重新开工时修改了原设计，由于改动较大，直到1953年2月才下水，1959年11月正式服役。该舰是英国海军第二艘以"竞技神"为名的航空母舰，第一艘"竞技神"号航空母舰于1942年4月被日军击沉。1982年英国和阿根廷的马岛战争中，"竞技神"号被英国海军选为旗舰。1984年，该舰从英国海军退役，1986年"竞技神"号被转售给印度并改名为"维拉特"号。

"竞技神"号航空母舰与其他同级舰的区别较大，它增加了6度斜角甲板、蒸汽弹射器和984型三坐标雷达，将一部升降机布置于左舷侧面，技术特征和外观类似缩小版的鹰级航空母舰。1973年，"竞技神"号改为反潜航空母舰，只搭载反潜直升机，因此拆除了蒸汽弹射器和斜向甲板上的拦阻索。在1980~1981年的改装中，为了能搭载"海鹞"战斗/攻击机，"竞技神"号在舰艏右侧增加了仰角为7度的滑跃甲板。

小 知 识

1986年4月24日，印度以6000万英镑的低价购买了"竞技神"号航空母舰，改名为"维拉特"号，并于1986~1987年在达文波特进行了更换电子设备和动力系统的延寿改装。为配合航空母舰使用，印度同时进口了29架"海鹞"战斗/攻击机。

英国"无敌"号航空母舰（R05）

制造商：维克斯造船与工程公司
服役时间：1980~2005年
航空母舰类型：轻型航空母舰
动力来源：4具罗尔斯·罗伊斯奥林巴斯燃气轮机
主要自卫武器：20毫米机炮、"守门员"近防炮等
舰载机数量：22架舰载机

"无敌"号航空母舰（HMS Invincible R05）是英国海军"无敌"级常规动力航空母舰的首舰，是英国海军第六艘以"无敌"命名的军舰。该舰于1980年7月正式服役，服役期间曾担任英国海军旗舰。2005年8月，"无敌"号退出作战序列，2011年被出售并拆解。

"无敌"号航空母舰在英国海军中除了担负舰队防空、对地武力投送、反舰与反潜作战的任务外，还担任英国出兵海外时的特遣舰队旗舰，甚至作为英国海军陆战队的搭载母舰等。因此，"无敌"号除设有供执行任务所需的指挥、控制和通信设施外，还具有运用垂直/短距起降飞机和直升机的能力。由于"无敌"号搭载的"海鹞"垂直/短距起降战机在空战性能上无法与传统起降超音速战斗机相提并论，因此其本身装备了足够的防空武装以有效维护自身安全。

"无敌"号航空母舰在设计上有着多项创新。其一是以滑跃甲板取代了以往大型航空母舰宽大的斜直两段飞行甲板和蒸汽弹射装置，首次将可搭载固定翼作战飞机的航空母舰排水量降至20000吨左右。同时，采用滑跃甲板还增强了使用灵活性，航空母舰无需再为飞机助飞而逆风高速行驶，即使在航空母舰前后大幅纵摇时，飞机仍能较稳定地正常滑跃起飞。其二是首创采用了全燃气轮机动力装置，取代了此前航空母舰惯用的蒸汽轮机与核反应堆，前者结构紧凑、燃效高、经济性好，这也是航空母舰轻型化的必要前提。

基本参数

满载排水量	22000吨
全长	210米
全宽	36米
吃水	8.8米
最高航速	28节

▲ "无敌"号航空母舰

小知识

从1985年一直到冷战结束，每年的秋季或冬季，"无敌"号航空母舰及其姊妹舰都要和美国航空母舰一起，参加北约在大西洋中北部和地中海举行的历时3个月的"秋季熔炉"演习，因此曾被戏称为"山姆大叔的跟屁虫"。

英国"卓越"号航空母舰（R06）

制造商：斯旺·亨特造船厂

服役时间：1982~2014年

航空母舰类型：轻型航空母舰

动力来源：4具罗尔斯·罗伊斯奥林巴斯燃气轮机

主要自卫武器："海标枪"导弹、"守门员"近防炮等

舰载机数量：22架舰载机

基本参数

满载排水量	22000吨
全长	210米
全宽	36米
吃水	8.8米
最高航速	28节

"卓越"号航空母舰（HMS Illustrious R06）是英国海军无敌级常规动力航空母舰的二号舰，1976年10月7日在斯旺·亨特造船厂开工建造，1978年12月1日下水，1982年6月20日服役。2013年，因舰体老化和英国财政问题，该舰参加完大西洋战役70周年纪念后停泊在格林尼治，于2014年8月28号正式退役，之后被出售并拆解。

"卓越"号航空母舰有一个略向左舷偏的短距滑跃起飞跑道，偏向左舷是为了让开舰部安装的"海标枪"防空导弹发射装置，滑跃起飞是英国海军中校道格拉斯·泰勒的创造，就是将飞行跑道前端约27米长的一段做成平缓曲面，向舰艏上翘，"卓越"号的上翘角度为7度。"海鹞"舰载机通过滑跃甲板起飞，在滑跑距离不变的情况下可使飞机载重增加20%；载重量不变的情况下可使滑跑距离减少60%。此外，滑跃起飞跑道还增加了艏部干舷，对"卓越"号的适航性有利。

"卓越"号航空母舰的机库设在舰内中部，占3层甲板高度，长度约为舰长的75%，分隔成两部分，机库两端各有1部升降机。机库甲板里除设有飞机库外，还有加油、武器重装、飞行前检查、维修保养等设施。机库的舱壁都是双层的，其内布设飞机维修设施和零备件、工具贮藏室。大修工作集中在机库的前端，设有1部门式起重机车，能为飞机换装发动机和其他大件服务，保证飞机有较高的在航率。

小 知 识

2005年8月，"无敌"号航空母舰退役后，刚刚耗资1.2亿英镑完成现代化改装的"卓越"号航空母舰在朴次茅斯港举行仪式，成为英国海军舰队的新旗舰。

▲ "卓越"号航空母舰（右）进行海上补给

英国"皇家方舟"号航空母舰(R07)

制造商:斯旺·亨特造船厂

服役时间:1985~2011年

航空母舰类型:轻型航空母舰

动力来源:4具罗尔斯·罗伊斯奥林巴斯燃气轮机

主要自卫武器:20毫米机炮、"守门员"近防炮等

舰载机数量:22架舰载机

基本参数

满载排水量	22000吨
全长	210米
全宽	36米
吃水	8.8米
最高航速	28节

"皇家方舟"号航空母舰(HMS Ark Royal R07)是英国海军无敌级常规动力航空母舰的二号舰,是英国海军历史上第四艘以"皇家方舟"命名的航空母舰、第五艘以"皇家方舟"命名的军舰。由于建造"无敌"号的维克斯造船与工程公司经常发生罢工等风波,因此"卓越"号与"皇家方舟"号均改由斯旺·亨特造船厂承造。

"皇家方舟"号航空母舰于1985年开始服役,此后为英国的战略利益四处征战,曾长期充当舰队旗舰。冷战期间,"皇家方舟"号主要搭载直升机充当"反潜母舰",屡次作为北约东北方向的特混舰队旗舰,进出风大浪急的北海和巴伦支海。冷战结束后,"皇家方舟"号频频介入局部战争。1999年5月,该舰开始现代化改装,2002年4月重新入役。

2010年10月,英国政府公布新一轮国防紧缩计划,对海、陆、空军都有不同程度的裁减,其中一项即命令"皇家方舟"号航空母舰立即退役,舰上的战斗机编队全部取消。2011年2月,英国国防部在其官方网站上登出拍卖"皇家方舟"号的广告。2012年9月,"皇家方舟"号以300万英镑的价格售予一家土耳其船舶回收公司。

▲ "皇家方舟"号航空母舰

小 知 识

2003年3月20日,伊拉克战争打响,英国海军派出"皇家方舟"号航空母舰特混大队、"海洋"号两栖特混大队以及陆战队第3突击旅等组成的特混舰队参加。"皇家方舟"号的主要任务是在指定作战海域进行防空、反舰、反潜和护航等。

法国"克莱蒙梭"号航空母舰

| 制造商：法国舰艇建造局 |
| 服役时间：1961~1997年 |
| 航空母舰类型：中型航空母舰 |
| 动力来源：4具蒸汽轮机 |
| 主要自卫武器：100毫米舰炮、"响尾蛇"导弹等 |
| 舰载机数量：40架舰载机 |

基本参数

满载排水量	32780吨
全长	265米
全宽	51.2米
吃水	8.6米
最高航速	32节

"克莱蒙梭"（Clemenceau）号航空母舰是法国海军克莱蒙梭级航空母舰的首舰，以乔治·克莱蒙梭（1841年9月28日~1929年11月24日）的名字命名，他是法国一名政治家和新闻工作者，曾两次出任法国总理。

"克莱蒙梭"号航空母舰最多可以搭载40架各类舰载机，典型配置为10架F-8"十字军"战斗机，16架"超军旗"攻击机，3架"军旗"Ⅳ攻击机，7架"贸易风"反潜机和4架"云雀"Ⅲ直升机。该舰也可执行两栖作战任务，这种情况下可装载30~40架大型直升机和一个齐装满员的陆战营，也可混合装载18架大型直升机和18架攻击机。

▲ "克莱蒙梭"号航空母舰

小知识

1977年11月~1978年11月，"克莱蒙梭"号航空母舰进行了第一次大改装，主要内容是对动力等设备进行大修；改善舰员居住条件；对飞行甲板和起降装置进行整修；安装"森尼特"战术数据系统；改装弹药库，以便存放AN-52战术核武器。

法国"福煦"号航空母舰

| 制造商：法国舰艇建造局 |
| 服役时间：1963~2000年 |
| 航空母舰类型：中型航空母舰 |
| 动力来源：4具蒸汽轮机 |
| 主要自卫武器：100毫米舰炮、"响尾蛇"导弹等 |
| 舰载机数量：40架舰载机 |

基本参数	
满载排水量	32780吨
全长	265米
全宽	51.2米
吃水	8.6米
最高航速	32节

"福煦"（Foch）号航空母舰是法国海军克莱蒙梭级航空母舰的二号舰，以法国元帅斐迪南·福煦的名字命名，他是一战时协约国军队总司令，著有《战争原则》等军事著作。

"福煦"号航空母舰的排水量虽然不及美国当时建造的小鹰级航空母舰的一半，但具备了较完善的对各种中型舰载机的操作和支援能力。该舰拥有倾斜8度的斜角飞行甲板、单层装甲机库，以及法国自行设计的镜面辅助降落装置，2部升降机和2具弹射器。电子设备主要有DRBV-23B对空搜索雷达、DRBI-10对海搜索雷达、DRBV-15对海搜索雷达、1226型导航雷达、NRBA-51助降雷达和DRBC-32B/C火控雷达等。

▲ "福煦"号航空母舰

小 知 识

1966年，"福煦"号航空母舰参加了法国"阿尔法"部队在太平洋进行的核试验。1978年，在吉布提独立期间，"福煦"号在红海海域进行了部署。

巴西"圣保罗"号航空母舰（A12）

制造商：	法国舰艇建造局
服役时间：	2000~2017年
航空母舰类型：	中型航空母舰
动力来源：	4具蒸汽轮机
主要自卫武器：	100毫米舰炮、"响尾蛇"导弹等
舰载机数量：	39架舰载机

基本参数

满载排水量	32800吨
全长	265米
全宽	51.2米
吃水	8.6米
最高航速	32节

"圣保罗"号航空母舰（São Paulo A12）是巴西海军曾装备的一艘常规动力航空母舰，原为法国克莱蒙梭级航空母舰的二号舰"福煦"号，2000年巴西海军购买后将其改名。2017年2月14日，因舰体老化严重，巴西海军宣布"圣保罗"号退役。

"圣保罗"号航空母舰具有与美国大型航空母舰相同的斜角甲板和相应设备。该舰的飞行甲板分为两部分：一部分是舰艏的轴向甲板，长90米，设有1具BS5蒸汽弹射器，可供飞机起飞；另一部分是斜角甲板，长163米，宽30米，甲板斜角为8度，设有1具BS5蒸汽弹射器和4道拦阻索，既可供飞机起飞，又可供飞机降落。右舷上层建筑前后各有1座升降机。

▲ "圣保罗"号航空母舰

小知识

原"福煦"号航空母舰的配套机种是F-8"十字军"战斗机和"超军旗"攻击机，改装为"圣保罗"号后的舰载机则改为A-4攻击机、C-1运输机以及S-70B反潜直升机。

澳大利亚"墨尔本"号航空母舰（R21）

"墨尔本"号航空母舰（HMAS Melbourne R21）是澳大利亚海军曾装备的一艘常规动力航空母舰，原为英国威严级航空母舰首舰"威严"号（HMS Majestic R77），1947年由澳大利亚海军购买，1955年建成服役。

"墨尔本"号航空母舰的到来对于澳大利亚海军来说本来是提升现代化及提高作战能力的机会，然而其在服役过程中发生了多次重大事故，共造成155名澳大利亚军人殉职。由于"墨尔本"号从未参与战事，却造成了大量人员殉职及带来重大损失，澳大利亚海军对其彻底失望，"墨尔本"号于1982年进入预备役封存。

制造商：英国维克斯-阿姆斯特朗公司
服役时间：1955~1982年
航空母舰类型：轻型航空母舰
动力来源：2具蒸汽轮机
主要自卫武器：47毫米舰炮、40毫米舰炮等
舰载机数量：27架舰载机

基本参数

满载排水量	20000吨
全长	213米
全宽	39米
吃水	7.6米
最高航速	25节

小知识

1964年2月10日，"墨尔本"号航空母舰与其护航编队的"航海者"号驱逐舰相撞。后者被"墨尔本"号从船身中部拦腰撞断，成为两半，其后沉没。

澳大利亚"悉尼"号航空母舰（R17）

"悉尼"号航空母舰（HMAS Sydney R17）是澳大利亚海军曾装备的一艘常规动力航空母舰，原为英国威严级航空母舰二号舰"可怖"号（HMS Terrible R93），1947年由澳大利亚海军购买，1948年建成服役。

"悉尼"号航空母舰最多可以搭载38架舰载机，但一般情况下仅搭载12架"海怒"战斗机、12架用于反潜的"萤火虫"攻击机和2架"海水獭"水陆两栖救援飞机，均是螺旋桨式飞机。该舰的电子设备有277Q测高雷达、961型对空搜索雷达、293M水面搜索雷达、281BQ远程空中预警雷达等。

制造商：英国德文波特造船厂
服役时间：1948~1958年、1961~1973年
航空母舰类型：轻型航空母舰
动力来源：2具蒸汽轮机
主要自卫武器：40毫米舰炮
舰载机数量：38架舰载机

基本参数

满载排水量	20000吨
全长	213米
全宽	39米
吃水	7.6米
最高航速	25节

小知识

1958年5月，"悉尼"号航空母舰退出现役并被封存，封存期间保持最低限度的日常维护。1961年，退役仅仅3年的"悉尼"号又被启用，作为快速运输舰服役，舷号变为A214。

加拿大"宏伟"号航空母舰（CVL 21）

"宏伟"号航空母舰（HMCS Magnificent CVL 21）是加拿大海军曾装备的一艘常规动力航空母舰，原为英国威严级航空母舰三号舰"宏伟"号（HMS Magnificent R36），1948年建成后租借给加拿大海军。1957年，加拿大海军从英国购入"博纳旺蒂尔"号航空母舰，"宏伟"号则被归还给英国。1965年7月，"宏伟"号被拆解。

制造商：	英国哈兰德与沃尔夫造船厂
服役时间：	1948~1957年
航空母舰类型：	轻型航空母舰
动力来源：	2具蒸汽轮机
主要自卫武器：	40毫米舰炮
舰载机数量：	37架舰载机

基本参数

满载排水量	20000吨
全长	213米
全宽	39米
吃水	7.6米
最高航速	25节

小知识

威严级航空母舰原本是作为巨人级航空母舰的后续舰，但在喷气式飞机的基础上进行了修改，包括安装弹射器和拦阻索等，还采用了二战后期新发明的雷达系统。由于改动较大，1945年9月被重新分类为威严级。

加拿大"博纳旺蒂尔"号航空母舰（CVL 22）

"博纳旺蒂尔"号航空母舰（HMCS Bonaventure CVL 22）是加拿大海军曾装备的一艘常规动力航空母舰，原为英国威严级航空母舰四号舰"强盛"号（HMS Powerful R95）。该舰于1945年2月下水，因为二战结束在1946年中断工程，20世纪50年代初期由加拿大海军收购，在英国重新开工并进行现代化改造，改名为"博纳旺蒂尔"号，1957年建成服役。1970年7月退役，1971年3月被出售并拆解。

制造商：	英国哈兰德与沃尔夫造船厂
服役时间：	1957~1970年
航空母舰类型：	轻型航空母舰
动力来源：	2具蒸汽轮机
主要自卫武器：	76毫米舰炮、40毫米舰炮等
舰载机数量：	34架舰载机

基本参数

满载排水量	20000吨
全长	213米
全宽	39米
吃水	7.6米
最高航速	25节

小知识

博纳旺蒂尔是一个坐落于加拿大魁北克省东部圣罗伦斯湾内的岛屿，也被称为"鸟岛"。该岛面积约为4.16平方千米，呈圆形，为北美洲最大的鸟类迁移区。

印度"维克兰特"号航空母舰（R11）

"维克兰特"号航空母舰（INS Vikrant R11）是印度海军曾装备的一艘常规动力航空母舰，原为英国威严级航空母舰五号舰"大力神"号（HMS Hercules R49）。该舰于1945年9月下水，因为二战结束而一度中断工程，1957年由印度购得后在英国重新开工和进行现代化改造，在舰艇加上了蒸汽弹射器和斜向甲板。1961年，该舰改名为"维克兰特"号并开始服役。1997年，"维克兰特"号退役，随成为孟买的一间海事博物馆。

制造商：英国维克斯-阿姆斯特朗公司
服役时间：1961~1997年
航空母舰类型：轻型航空母舰
动力来源：2具蒸汽轮机
主要自卫武器：40毫米舰炮
舰载机数量：23架舰载机

基本参数

满载排水量	20000吨
全长	213米
全宽	39米
吃水	7.6米
最高航速	25节

小知识

"维克兰特"号航空母舰曾参与1965年的第二次印巴战争和1971年的第三次印巴战争。

印度"维拉特"号航空母舰（R22）

"维拉特"号航空母舰（INS Viraat R22）原是英国半人马级航空母舰的四号舰"竞技神"号，1986年转售给印度。该舰曾是印度海军的旗舰，在"维兰玛迪雅"号航空母舰入役后，印度海军于2017年3月将其退役，其旗舰地位也由"维兰玛迪雅"号取代。

"维拉特"号航空母舰的飞行甲板上共设有7个直升机停放区，可供多架直升机同时起降。机库内可搭载12架"海鹞"垂直/短距起降战斗机和7架"北极星"反潜直升机（或"猎豹"直升机和"海王"直升机）。实际作战时，可将"海鹞"垂直/短距起降战斗机的搭载量增至30架，但不能全部进入机库。

制造商：英国维克斯-阿姆斯特朗公司
服役时间：1987~2017年
航空母舰类型：轻型航空母舰
动力来源：2具蒸汽轮机
主要自卫武器："海猫"导弹、AK-230近防炮等
舰载机数量：30架舰载机

基本参数

满载排水量	28700吨
全长	226.9米
全宽	48.78米
吃水	8.8米
最高航速	28节

小知识

"维拉特"号航空母舰经历了多次改装，舰艇设有宽49米的"滑跃"甲板，上翘角度为12度，上升的斜坡长度为46米，以使舰载机能在较短的距离内滑跃升空。

西班牙"阿斯图里亚斯亲王"号航空母舰（R-11）

制造商：巴兹造船厂

服役时间：1988~2013年

航空母舰类型：轻型航空母舰

动力来源：2具LM2500燃气轮机

主要自卫武器："鱼叉"导弹、"梅罗卡"近防炮等

舰载机数量：24架舰载机

基本参数	
满载排水量	16700吨
全长	195.9米
全宽	24.3米
吃水	9.4米
最高航速	26节

"阿斯图里亚斯亲王"号航空母舰（Príncipe de Asturias R-11）是西班牙历史上第一艘自行建造的航空母舰，舰名来自西班牙储君的封号。

"阿斯图里亚斯亲王"号航空母舰采用了滑跃甲板设计，在舰艏跑道末端加装了一段12度仰角飞行甲板。该舰的飞行甲板在主甲板之上，从而形成敞开式机库，这在二战后的航空母舰中是绝无仅有的，其他航空母舰都是飞行甲板与主甲板在同一水平面上，机库封闭。"阿斯图里亚斯亲王"号只采用2具燃气轮机，并且是单轴单桨，这在现代航空母舰中也是独一无二的。

▲ "阿斯图里亚斯亲王"号航空母舰

小知识

"阿斯图里亚斯亲王"号航空母舰通常搭载12架AV-8B"海鹞"Ⅱ攻击机、6架SH-3"海王"反潜直升机、4架SH-3 AEW"海王"预警直升机、2架AB-212通用直升机。

第 4 章 二战时期的航空母舰

二战时期,航空母舰技术与战术理论飞速发展,为了有效保护航空母舰自身安全,充分发挥航空母舰的作战效能,世界主要海军强国均组建了自己的航空母舰战斗群,并在作战中广泛运用。

美国"兰利"号航空母舰（CV-1）

制造商：	马尔岛海军造船厂
服役时间：	1922~1942年
航空母舰类型：	轻型航空母舰
动力来源：	2具通用电气电动机
主要自卫武器：	127毫米机炮
舰载机数量：	36架舰载机

基本参数	
满载排水量	13900吨
全长	165.2米
全宽	19.9米
吃水	7.3米
最高航速	15.5节

"兰利"号航空母舰（USS Langley CV-1）是美国海军装备的第一艘航空母舰，由运煤舰"朱比特"号改装而来。该舰的出现对美国海军产生了巨大的影响，标志着美国海军航空母舰时代的来临。

"兰利"号航空母舰的前身运煤舰"朱比特"号于1911年10月18日开工建造，1912年8月14日下水，次年4月7日成军。1919年7月11日，美国海军决定将"朱比特"号改装为航空母舰。1919年12月12日，"朱比特"号返抵维吉尼亚州的汉普顿锚地，并于1920年3月24日除役。1920年4月11日，"朱比特"号更名为"兰利"号，改装工程在诺福克港进行，1922年3月20日重新服役。1924年11月29日，"兰利"号纳入美国太平洋战斗舰队的编制中。之后，"兰利"号在美国西岸到夏威夷间的海域进行各项战术训练与演习。1936年10月25日，"兰利"号进入马尔岛海军造船厂，改装成为水上飞机供应舰。1942年2月27日，"兰利"号在太平洋被日本海军击沉。

"兰利"号航空母舰是一艘典型的平原型航空母舰。舰体最上方是长163米、宽19.5米的全通式飞行甲板，舰桥则位于飞行甲板的右舷前部下方，舰体左舷装有2个可收放的铰链式烟囱。飞行甲板由13个单柱桁架支撑，中部装有1座升降机，下面为原来的6个煤舱中的4个改装而成的敞开式机库。飞行甲板下面，在贯通舰艉的轨道上有2台移动式吊车，把舰载机从机库吊到升降机上，再由升降机提到飞行甲板上。

小 知 识

"兰利"号航空母舰的舰名是为了纪念美国航空先驱、物理与天文学家，同时也是莱特兄弟的竞争者——塞缪尔·兰利博士。

美国"列克星敦"号航空母舰（CV-2）

制造商：霍河造船公司	
服役时间：1927~1942年	
航空母舰类型：大型航空母舰	
动力来源：4具蒸汽轮机	
主要自卫武器：203毫米舰炮、127毫米舰炮等	
舰载机数量：91架	

"列克星敦"号航空母舰（USS Lexington CV-2）是美国海军列克星敦级航空母舰的首舰，也是美国海军的第二艘航空母舰，舰名是为了纪念美国独立战争中的第一枪：1775年列克星敦之战。二战时，"列克星敦"号在珊瑚海海战被日本舰载鱼雷轰炸机击沉。

"列克星敦"号与其姊妹舰"萨拉托加"号原本是1920年陆续开工建造的战列巡洋舰。按照1922年签订的《华盛顿海军条约》规定，各缔约国可以利用规定必须废弃的主力舰船体改装2艘33000吨级（加上条约允许改装增加的3000吨，实际上是36000吨）航空母舰。美国因此将停建的列克星敦级战列巡洋舰中进度最快的"列克星敦"号和"萨拉托加"号改建成航空母舰，两舰均于1927年年底完工。

"列克星敦"号航空母舰的防护装甲与巡洋舰相当，采用封闭舰艏，单层机库，拥有2部升降机，全通式飞行甲板长271米，岛式舰桥与巨大而扁平的烟囱设在右舷。由于当时美国工业部门无法拿出可靠的大型齿轮传动系统，因此"列克星敦"号采用了在当时十分先进的蒸汽轮机-电动机传动系统，使其成为世界上第一种采用电动传动系统的航空母舰和大型军舰，比日后采用类似传动系统的英国伊丽莎白女王级航空母舰早了近百年。

基本参数

满载排水量	48500吨
全长	270.7米
全宽	32.8米
吃水	9.3米
最高航速	33.3节

▲ "列克星敦"号航空母舰

小知识

"列克星敦"号航空母舰在诞生之时以超过43000吨的满载排水量成为世界各国海军中最大的航空母舰，在美国海军中的这一纪录一直保持到1945年"中途岛"号航空母舰服役。

美国"萨拉托加"号航空母舰(CV-3)

制造商:纽约造船公司

服役时间:1927~1946年

航空母舰类型:大型航空母舰

动力来源:4具蒸汽轮机

主要自卫武器:203毫米舰炮、127毫米舰炮等

舰载机数量:91架

基本参数

满载排水量	48500吨
全长	270.7米
全宽	32.8米
吃水	9.3米
最高航速	33.3节

"萨拉托加"号航空母舰(USS Saratoga CV-3)是美国海军列克星敦级航空母舰的二号舰,也是美国海军的第三艘航空母舰。该舰是美国海军少数在二战之前就已造好,并且安然度过二战战火的航空母舰之一。1946年,在位于比基尼环礁的核武器试验中,"萨拉托加"号因为原子弹的破坏而沉没。

"萨拉托加"号航空母舰的上层建筑前后方各有2座双联装203毫米舰炮,用来打击水面目标。事实上,203毫米舰炮在面对敌方巡洋舰时的防御能力极其有限,多年以后才证明无此必要。此外,列克星敦级航空母舰还装有12门Mk 10型127毫米高平两用炮,16门Mk 12型127毫米高射炮。该舰可搭载91架舰载机,包括36架F4F"野猫"战斗机、37架SBD"无畏"俯冲轰炸机和18架TBD"蹂躏者"鱼雷轰炸机。

在两次世界大战间的和平时期,"萨拉托加"号航空母舰在美国海军举行的舰队演习中,用来检验航空母舰的战术理论,提供了许多操作使用航空母舰的宝贵经验,尤其是1929年的第九次舰队演习,导致了美国海军以航空母舰为舰队核心的战术出现。

▲ "萨拉托加"号航空母舰

小知识

"萨拉托加"号航空母舰的舰载电子设备比较简单,主要设备是一部CXAM-1长波对空搜索雷达,用于舰队防空。这是美国海军第一代对空搜索雷达,在太平洋战争初期发挥了重要作用。

美国"游骑兵"号航空母舰（CV-4）

制造商：纽波特纽斯造船厂
服役时间：1934~1946年
航空母舰类型：轻型航空母舰
动力来源：2具蒸汽轮机
主要自卫武器：127毫米防空炮、40毫米防空炮等
舰载机数量：86架舰载机

基本参数

满载排水量	17859吨
全长	234.4米
全宽	33.4米
吃水	6.8米
最高航速	29节

"游骑兵"号航空母舰（USS Ranger CV-4）是美国海军第一艘专门设计的航空母舰，1931年9月26日动工建造，1933年2月25日下水，1934年6月4日正式服役。

"游骑兵"号航空母舰的设计目标是作为一种轻型多用途航空母舰，能携带与列克星敦级航空母舰数量相当的舰载机，在排水量上尽可能小。该舰在设计时没有岛式上层建筑，但在下水后添加了小型的岛式上层建筑。二战中，"游骑兵"号进行了两次舰炮改装。该舰最多可以搭载86架舰载机，一般情况下搭载76架舰载机，主要机型为F4F"野猫"战斗机和SBD俯冲轰炸机，其中前者占多数。

二战初期，"游骑兵"号航空母舰在美国海军大西洋舰队服役。1944年转为训练航空母舰，负责训练夜间战斗机飞行员，以及其他战斗训练任务，二战结束后很快就退役并被拆解。美国在二战前就服役的6艘航空母舰里，"游骑兵"号航空母舰、"萨拉托加"号航空母舰和"企业"号航空母舰都服役到战后，而"游骑兵"号是唯一没有与日本交战的航空母舰。

▲ "游骑兵"号航空母舰

小知识

由于"游骑兵"号航空母舰较小的吨位与舰岛、狭窄的飞行甲板以及耐波性的问题，使得该舰型并未成为主流，后续的建造计划也被取消。但该舰在设计与操作中所产生的问题，为美国海军后续航空母舰的设计提供了许多宝贵的经验。

美国"约克城"号航空母舰（CV-5）

| 制造商：纽波特纽斯造船厂 |
| 服役时间：1937~1942年 |
| 航空母舰类型：轻型航空母舰 |
| 动力来源：4具蒸汽轮机 |
| 主要自卫武器：127毫米舰炮、28毫米防空炮等 |
| 舰载机数量：97架舰载机 |

"约克城"号航空母舰（USS Yorktown CV-5）是美国海军约克城级航空母舰的首舰，是美国海军第三艘以"约克城"为名的军舰，为纪念美国独立战争中的约克城战役。该舰于1934年5月21日动工建造，1936年4月4日下水，1937年9月30日正式服役。

"约克城"号航空母舰充分吸收了之前美国海军改装、设计和建造航空母舰的经验，采用开放式机库，拥有3部升降机，飞行甲板前端装有弹射器，紧急情况下舰载机可以通过在机库中设置的弹射器从机库中直接弹射起飞（后来取消了这项不实用的功能），增强舰载机的出击能力。飞行甲板前后装了2组拦阻索，舰载机可以在飞行甲板的任意一端降落。木制飞行甲板没有装甲防护，舰桥、桅杆和烟囱一体化的岛式上层建筑位于右舷。

1940年，"约克城"号航空母舰编入驻太平洋的战斗部队。二战爆发后，美国在欧洲进行中立巡航，而"约克城"号也在1941年4月调返大西洋舰队，防备德国海军进入西半球攻击商船。同年12月日本偷袭珍珠港后，"约克城"号旋即调到太平洋舰队，并参与美国在太平洋战争早期的多场行动，包括掩护陆战队增援美属萨摩亚及马绍尔和吉尔伯特群岛突袭。1942年5月，"约克城"号在珊瑚海海战受到重创，但在仓促抢修后又参与了6月初的中途岛海战，并与"企业"号联手击溃日本的航空母舰部队，扭转了战争局势。不过日军在海战中再次重创"约克城"号，更迫使美军放弃拯救，使"约克城"号最终在海上翻沉。

基本参数

满载排水量	25900吨
全长	251.4米
全宽	33.4米
吃水	7.9米
最高航速	32.5节

小知识

中途岛海战结束后4个月，美国海军将"约克城"号航空母舰除籍，并把正在建造、舷号为CV-10的埃塞克斯级航空母舰更名为"约克城"号，以纪念其战绩。

美国"企业"号航空母舰（CV-6）

制造商：纽波特纽斯造船厂
服役时间：1938~1947年
航空母舰类型：轻型航空母舰
动力来源：4具蒸汽轮机
主要自卫武器：127毫米舰炮、28毫米防空炮等
舰载机数量：97架舰载机

基本参数

满载排水量	25900吨
全长	251.4米
全宽	33.4米
吃水	7.9米
最高航速	32.5节

"企业"号航空母舰（USS Enterprise CV-6）是美国海军约克城级航空母舰的二号舰，是美国海军第七艘以"企业"为名的军舰，舰名源自美国独立战争期间美军俘获并更名的一艘英国单桅纵帆船。该舰于1934年7月16日动工建造，1936年10月3日下水，1938年5月12日正式服役。

"企业"号航空母舰的舰艏及舰艉各设有4门127毫米单装舰炮，分别置于左舷及右舷飞行甲板上。舰岛前方及后方各设有2座四联装28毫米防空炮。舰体各处共有24挺12.7毫米勃朗宁机枪。该舰最致命的弱点是水下防御，倘若遭到鱼雷攻击，而在水线以下入水，海水只需淹没锅炉或蒸汽轮机，便足以令全舰失去动力。

1940年，"企业"号航空母舰编入驻太平洋的战斗部队。1941年美国太平洋舰队重设后，"企业"号仍旧留在太平洋服役。1941年12月7日，日本海军偷袭珍珠港。"企业"号原定在前一日进入港口，但因风浪而有所延误，侥幸避过一劫。此后，"企业"号参与了美国海军在太平洋战争的大部分重要战斗，由早期的空袭东京、中途岛海战及瓜达尔卡纳尔岛战役，到美军反攻的吉尔伯特及马绍尔群岛战事、马里亚纳群岛及帕劳战事、菲律宾战役及莱特湾海战，以及晚期的硫磺岛及琉球群岛战事。1945年5月冲绳战役期间，"企业"号接连被神风特攻队自杀飞机击伤，被迫返回美国维修，使之错过日本投降前最后三个月的战斗。二战结束后，战绩彪炳的"企业"号参与了接载美军返国的"魔毯"行动，最后在1947年退役停放。

小知识

美国海军部长福莱斯特曾称赞"企业"号航空母舰为美国海军在二战中的最佳象征，并请求政府将"企业"号如同"宪法"号风帆护卫舰一样永久保存，然而"企业"号多次的捐赠计划都因故失败，最终在1958年拆解。

美国"大黄蜂"号航空母舰（CV-8）

制造商：纽波特纽斯造船厂
服役时间：1941~1942年
航空母舰类型：轻型航空母舰
动力来源：4具蒸汽轮机
主要自卫武器：127毫米舰炮、28毫米防空炮等
舰载机数量：97架舰载机

"大黄蜂"号航空母舰（USS Hornet CV-8）是美国海军约克城级航空母舰的三号舰，是美国海军第七艘以"大黄蜂"为名的军舰，源自美国独立战争时期大陆海军的一艘单桅纵帆船。该舰于1939年9月25日动工建造，1940年12月14日下水，1941年10月20日正式服役。

"大黄蜂"号航空母舰拥有单层全通式飞行甲板，舰艉有2座弹射器。该舰最多可以搭载97架舰载机，舰上航空兵分为1个战斗机队（F2F战斗机及F3F战斗机）、1个俯冲轰炸机队（BTD俯冲轰炸机）、1个鱼雷轰炸机队（TBD鱼雷轰炸机）和1个侦察机队（SB2C俯冲轰炸机）。

"大黄蜂"号航空母舰服役后两个月，日本海军偷袭珍珠港，美国正式参与二战。不久"大黄蜂"号便参与了空袭东京，担当詹姆斯·杜立德（空袭东京的指挥官）的B-25轰炸机海上起飞平台，因此错过了1942年5月的珊瑚海海战。同年6月，"大黄蜂"号参与了中途岛海战，但却因连串不幸而表现恶劣。接着"大黄蜂"号在瓜达尔卡纳尔岛战役期间为陆战队提供空中掩护，并在后来爆发的圣克鲁斯群岛海战被日军击沉。

基本参数	
满载排水量	25900吨
全长	251.4米
全宽	33.4米
吃水	7.9米
最高航速	32.5节

小 知 识

1943年1月，"大黄蜂"号航空母舰除籍，而美国海军则把正在建造、舷号CV-12的埃塞克斯级航空母舰更名为"大黄蜂"号，以作纪念。

▲ "大黄蜂"号航空母舰

美国"胡蜂"号航空母舰（CV-7）

制造商：霍河造船厂

服役时间：1940~1942年

航空母舰类型：轻型航空母舰

动力来源：2具蒸汽轮机

主要自卫武器：127毫米舰炮、28毫米防空炮等

舰载机数量：90架舰载机

"胡蜂"号航空母舰（USS Wasp CV-7）是胡蜂级航空母舰的首舰，也是仅有的一艘，是美国海军第八艘以"胡蜂"命名的军舰。该舰于1936年4月1日动工建造，1939年4月4日下水，1940年4月25日正式服役，1942年1月在诺福克海军造船厂换装武器。1942年9月15日，"胡蜂"号在瓜岛海战中被日本潜艇击中，随后发生了不可控制的大火，美军弃船后使用驱逐舰发射鱼雷将其击沉。

"胡蜂"号航空母舰装有3部升降机，飞行甲板上装有2座液压弹射器，机库也装有2座液压弹射器。该舰基本上没有安装有效装甲，尤其是对鱼雷的防御极为薄弱，后期追加的装甲也无法补救这个致命缺陷。

"胡蜂"号航空母舰最初的自卫武器为8门127毫米单管舰炮、4座四联装28毫米防空炮及24挺12.7毫米机枪。1942年1月，该舰在诺福克船厂进行换装，自卫武器变为8门127毫米单管舰炮、1组40毫米防空炮、4座四联装28毫米防空炮、32门20毫米防空炮和6挺12.7毫米机枪。

基本参数

满载排水量	19423吨
全长	225.9米
全宽	33.2米
吃水	6.1米
最高航速	29.5节

小知识

"胡蜂"号航空母舰设计搭载76架固定翼飞机，实际搭载约90架固定翼飞机，主要机型包括F4F"野猫"战斗机、SB2U"维护者"轰炸机和"喷火"战斗机（在地中海作战时列装）等。

▲ "胡蜂"号航空母舰

美国"埃塞克斯"号航空母舰（CV-9）

制造商：	纽波特纽斯造船厂
服役时间：	1942~1969年
航空母舰类型：	大型航空母舰
动力来源：	4具蒸汽轮机
主要自卫武器：	127毫米舰炮、40毫米防空炮等
舰载机数量：	103架舰载机

"埃塞克斯"号航空母舰（USS Essex CV-9）是美国海军埃塞克斯级航空母舰的首舰，是美军第四艘以埃塞克斯为名的军舰，以纪念1799年马萨诸塞州埃塞克斯县居民捐赠第一艘"埃塞克斯"军舰给美国政府。

"埃塞克斯"号航空母舰吸取了美国以往航空母舰的优点，作战能力进一步提升。舰艏、舰艉及左舷外部各设一部升降机，甲板及机库各设一座弹射器。在舰艏与舰艉各设一组拦阻索，能拦阻重达5.4吨的舰载机。水平装甲设于机库甲板而非飞行甲板，以腾出更多机库空间。该舰的水下、水平防护和防空火力都有所加强，舰体分隔了更多的水密舱室。

"埃塞克斯"号航空母舰于1941年动工建造，数月后日本突袭珍珠港，美国正式参与二战，并加快建造"埃塞克斯"号等航空母舰。1943年，"埃塞克斯"号开始参与太平洋战争。战后"埃塞克斯"号退役停放，并在稍后进行代号为SCB-27A的现代化改建。1951年，"埃塞克斯"号完成改建后再次服役。期间，"埃塞克斯"号被重编为攻击航空母舰，舷号改为CVA-9。之后，"埃塞克斯"号进行代号为SCB-125的改建，增设斜角飞行甲板，之后调往大西洋舰队。1960年，重编为反潜航空母舰，舷号改为CVS-9。除大型战争外，"埃塞克斯"号也介入了多场冷战危机，还参与了美国的太空计划，回收了"阿波罗"7号的指挥舱。

基本参数

满载排水量	36960吨
全长	265.8米
全宽	45米
吃水	8.8米
最高航速	33节

小知识

"埃塞克斯"号航空母舰在二战中获颁美国总统部队嘉许奖及13枚战斗之星。

▲ "埃塞克斯"号航空母舰

美国"约克城"号航空母舰（CV-10）

制造商：纽波特纽斯造船厂

服役时间：1943~1970年

航空母舰类型：大型航空母舰

动力来源：4具蒸汽轮机

主要自卫武器：127毫米舰炮、40毫米防空炮等

舰载机数量：103架舰载机

基本参数

满载排水量	36960吨
全长	265.8米
全宽	45米
吃水	8.8米
最高航速	33节

"约克城"号航空母舰（USS Yorktown CV-10）是美国海军埃塞克斯级航空母舰的二号舰，是美军第四艘以"约克城"为名的军舰，以纪念美国独立战争中的约克城战役。

"约克城"号航空母舰于1941年12月开始建造，原名"好人理查德"号。1942年，日军在中途岛海战中击沉了舷号为CV-5的"约克城"号航空母舰，之后美军将建造中的CV-10号更名为"约克城"号，以作纪念。

1943年，"约克城"号航空母舰下水服役，开始参与太平洋战争。战后"约克城"号退役封存，并在稍后进行代号为SCB-27A的现代化改建。改建期间，"约克城"号被重编为攻击航空母舰（CVA-10）。1953年"约克城"号完成改建，在西太平洋执勤。之后进行代号为SCB-125的改建，增设斜角飞行甲板。1957年"约克城"号重编为反潜航空母舰，舷号改为CVS-10，继续留在西太平洋。除冷战冲突外，"约克城"号还参与了美国的太空计划，担任"阿波罗"8号指挥舱的救援船。服役后期，"约克城"号调到大西洋舰队。该舰在1970年退役，并在1973年除籍。

小知识

美国海军将退役的"约克城"号航空母舰改建为博物馆舰，1976年在美国南卡罗来纳州查尔斯顿的爱国者地（Patriots Point）开放，并在1986年获评为美国国家历史地标。

美国"无畏"号航空母舰（CV-11）

制造商：纽波特纽斯造船厂

服役时间：1943~1974年

航空母舰类型：大型航空母舰

动力来源：4具蒸汽轮机

主要自卫武器：127毫米舰炮、40毫米防空炮等

舰载机数量：103架舰载机

基本参数	
满载排水量	36960吨
全长	265.8米
全宽	45米
吃水	8.8米
最高航速	33节

"无畏"号航空母舰（USS Intrepid CV-11）是美国海军埃塞克斯级航空母舰的三号舰，是美军第四艘以"无畏"为名的军舰，舰名源自美国海军于1803年俘获的一艘军舰。

"无畏"号航空母舰于1941年12月开始建造，1943年8月正式服役，开始参与太平洋战争，特别是莱特湾海战。战后"无畏"号退役封存，20世纪50年代开始进行代号为SCB-27C的改建，重编为攻击航空母舰，舷号改为CVA-11，于1954年在大西洋舰队重新服役。之后"无畏"号又进行代号为SCB-125的现代化改建，增设斜角飞行甲板。

1962年，"无畏"号航空母舰重编为反潜航空母舰，舷号改为CVS-11，继续留在大西洋及地中海执勤。之后"无畏"号参与美国的太空计划，分别担任"水星-宇宙神"7号及"双子座"3号的救援船。1966~1969年，"无畏"号曾三次前往西太平洋，参与越南战争。虽然"无畏"号其时已改编为反潜航空母舰，但美军临时将之改编为辅助攻击航空母舰，故"无畏"号也曾派飞机到陆上参与攻击。

小知识

"无畏"号航空母舰在1974年退役，并一度预备出售并拆解，但在民间组织努力下，美国海军在1981年将"无畏"号捐赠到纽约作博物馆舰。1986年，"无畏"号获评为美国国家历史地标。

美国"大黄蜂"号航空母舰（CV-12）

制造商：纽波特纽斯造船厂

服役时间：1943~1970年

航空母舰类型：大型航空母舰

动力来源：4具蒸汽轮机

主要自卫武器：127毫米舰炮、40毫米防空炮等

舰载机数量：103架舰载机

基本参数

满载排水量	36960吨
全长	265.8米
全宽	45米
吃水	8.8米
最高航速	33节

"大黄蜂"号航空母舰（USS Hornet CV-12）是美国海军埃塞克斯级航空母舰的四号舰，是美军第八艘以"大黄蜂"为名的军舰，舰名源自美国独立战争时期大陆海军的一艘单桅纵帆船。

"大黄蜂"号航空母舰于1942年开始建造，舰名原为"奇沙治"号。同年10月，美军在圣克鲁斯群岛战役损失了"大黄蜂"号航空母舰（CV-8），美军在之后将建造中的CV-12更名为"大黄蜂"号，以作纪念。1943年"大黄蜂"号下水服役，并在1944年开始参与太平洋战争，更避过了日军所有攻击。战后"大黄蜂"号退役封存，在20世纪50年代进行代号为SCB-27A的改建，又在期间重编为攻击航空母舰（CVA-12），于1953年在大西洋舰队重新服役。翌年"大黄蜂"号返回太平洋舰队，又在之后进行代号为SCB-125的现代化改建，增设斜角飞行甲板。

1958年，"大黄蜂"号航空母舰重编为反潜航空母舰，舷号改为CVS-12，继续留在太平洋执勤。之后"大黄蜂"号参与美国的太空计划，先后担任"阿波罗"3号、"阿波罗"11号及"阿波罗"12号的救援船，并在越南战争期间到越南外海执勤，但没有参与陆上攻击。"大黄蜂"号在1970年退役，并在1989年除籍。

小 知 识

"大黄蜂"号航空母舰在二战中获颁美国总统部队嘉许勋表及7枚战斗之星，并在战后3次获颁海军部队嘉许奖，在越南战争中获得6枚战斗之星。

美国"富兰克林"号航空母舰（CV-13）

制造商：纽波特纽斯造船厂

服役时间：1944~1964年

航空母舰类型：大型航空母舰

动力来源：4具蒸汽轮机

主要自卫武器：127毫米舰炮、40毫米防空炮等

舰载机数量：103架舰载机

基本参数

满载排水量	36960吨
全长	265.8米
全宽	45米
吃水	8.8米
最高航速	33节

"富兰克林"号航空母舰（USS Franklin CV-13）是美国海军埃塞克斯级航空母舰的五号舰，是美军第五艘以"富兰克林"为名的军舰。

"富兰克林"号航空母舰于1942年开始建造，在1944年初服役，并在菲律宾海海战后开始参与太平洋战争。空袭日本本土期间，"富兰克林"号被日军俯冲轰炸机重创，舰身受损并大量进水，但最终仍成功撤出战场，并以自身动力返回国内的纽约港大修，维修完成后一直在纽约待命。

1947年2月17日，"富兰克林"号航空母舰从美国海军退役，开始在后备舰队封存。随着喷气机时代来临，美国海军开始挑选合适的埃塞克斯级航空母舰，进行代号为SCB-27A的现代化改建。当时"富兰克林"号因保养良好，而一度获得美国海军考虑改建，但计划最后却因故告吹。接着数年，长期待命的"富兰克林"号先在1952年10月1日重编为攻击航空母舰（舷号改为CVA-13），再在1953年8月8日重编为反潜航空母舰（舷号改为CVS-13），但一直没有进行相应改装。1959年5月15日，"富兰克林"号被改编为飞机运输舰（舷号改为AVT-8），但继续留港待命，未再出海巡航。1964年10月1日，"富兰克林"号从美国海军除籍，并在1966年7月27日被出售并拆解。

小知识

1959年1月初，"福吉谷"号航空母舰的前部飞行甲板因风暴受损。为了尽快维修"福吉谷"号，美国海军把"富兰克林"号航空母舰的舰艏切割，然后替换到"福吉谷"号。美国海军特别在该段飞行甲板留有铜匾，以纪念"富兰克林"号的战绩。

美国"提康德罗加"号航空母舰（CV-14）

制造商：纽波特纽斯造船厂

服役时间：1944~1973年

航空母舰类型：大型航空母舰

动力来源：4具蒸汽轮机

主要自卫武器：127毫米舰炮、40毫米防空炮等

舰载机数量：103架舰载机

"提康德罗加"号航空母舰（USS Ticonderoga CV-14）是美国海军埃塞克斯级航空母舰的六号舰，是美军第四艘以"提康德罗加"为名的军舰，以纪念美国独立战争中民兵攻占提康德罗加堡。

"提康德罗加"号航空母舰在1943年开始建造，舰名原为"汉考克"，但在动工两个月后与CV-19调换舰名，更名为"提康德罗加"号。1944年"提康德罗加"号服役，开始参与太平洋战争。战后"提康德罗加"号退役停放，在20世纪50年代进行代号为SCB-27C的现代化改建，并在期间重编为攻击航空母舰（CVA-14）。改建完成后，"提康德罗加"号重返现役。之后"提康德罗加"号再进行代号为SCB-125的改建，增设斜角飞行甲板，并转到太平洋舰队服役。北部湾事件发生后，"提康德罗加"号与"星座"号航空母舰率先派飞机空袭越南，为美军全面介入越南战争拉开序幕。

1969年，"提康德罗加"号航空母舰重编为反潜航空母舰（舷号改为CVS-14）。此后，"提康德罗加"号虽曾到西太平洋巡航，但再未参战。退役前夕，"提康德罗加"号参与最后两次"阿波罗"计划，回收了"阿波罗"16号及"阿波罗"17号指挥舱。该舰在1973年退役除籍，最终在1974年被出售并拆解。

基本参数

满载排水量	36960吨
全长	265.8米
全宽	45米
吃水	8.8米
最高航速	33节

小知识

"提康德罗加"号航空母舰3次获颁海军部队嘉许勋表及1次海军部队嘉许奖，在二战中获得5枚战斗之星，在越南战争中则获得12枚战斗之星。

美国"伦道夫"号航空母舰（CV-15）

"伦道夫"号航空母舰（USS Randolph CV-15）是美国海军埃塞克斯级航空母舰的七号舰，是美军第二艘以"伦道夫"为名的军舰，以纪念第一届大陆会议主席培顿·伦道夫。舰上水兵以此昵称"伦道夫"号为"兰迪"（Randy）。

"伦道夫"号航空母舰在1943年开始建造，1944年下水服役，于1945年初参与太平洋战争。战后"伦道夫"号退役停放，在20世纪50年代进行代号为SCB-27A的现代化改建，并在期间重编为攻击航空母舰（CVA-15）。改建完成后，"伦道夫"号重返现役。之后"伦道夫"号留在大西洋舰队，再进行代号为SCB-125的改建，增设斜角飞行甲板，并在古巴导弹危机期间封锁古巴。服役期间，"伦道夫"号曾两次回收"水星"计划的指挥舱。该舰在1969年退役，1973年除籍，最终在1975年被出售并拆解。

制造商：纽波特纽斯造船厂	基本参数	
服役时间：1944~1969年	满载排水量	36960吨
航空母舰类型：大型航空母舰	全长	265.8米
动力来源：4具蒸汽轮机	全宽	45米
主要自卫武器：127毫米舰炮、40毫米防空炮等	吃水	8.8米
舰载机数量：103架舰载机	最高航速	33节

美国"列克星敦"号航空母舰（CV-16）

"列克星敦"号航空母舰（USS Lexington CV-16）是美国海军埃塞克斯级航空母舰的八号舰，是美军第五艘以"列克星敦"为名的军舰，以纪念美国独立战争中的列克星敦和康科德战役。

"列克星敦"号航空母舰在1941年开始建造，舰名原为"卡伯特"号。1942年，舷号为CV-2的"列克星敦"号于珊瑚海海战沉没，美国海军将建造中的CV-16更名为"列克星敦"号，以作纪念。"列克星敦"号于1942年下水，并在1943年开始参与太平洋战争。战后"列克星敦"号退役停放，在封存之际重编为攻击航空母舰（舷号改为CVA-16）。经过现代化改建后，该舰于1955年重返现役。改建后的"列克星敦"号在太平洋舰队服役。1962年"列克星敦"号重编为反潜航空母舰（舷号改为CVS-16），改到大西洋舰队服役，开始负责训练海军飞行员。1969年，该母舰正式重编为训练航空母舰（舷号改为CVT-16）；又于1978年重编为辅助训练航空母舰（舷号改为AVT-16），直到1991年退役除籍为止，它也是最后一艘退役的埃塞克斯级航空母舰。

制造商：霍河造船厂	基本参数	
服役时间：1943~1991年	满载排水量	36960吨
航空母舰类型：大型航空母舰	全长	265.8米
动力来源：4具蒸汽轮机	全宽	45米
主要自卫武器：127毫米舰炮、40毫米防空炮等	吃水	8.8米
舰载机数量：103架舰载机	最高航速	33节

美国"邦克山"号航空母舰（CV-17）

制造商：霍河造船厂

服役时间：1943~1966年

航空母舰类型：大型航空母舰

动力来源：4具蒸汽轮机

主要自卫武器：127毫米舰炮、40毫米防空炮等

舰载机数量：103架舰载机

基本参数	
满载排水量	36960吨
全长	265.8米
全宽	45米
吃水	8.8米
最高航速	33节

"邦克山"号航空母舰（USS Bunker Hill CV-17）是美国海军埃塞克斯级航空母舰的九号舰，是美军第一艘以"邦克山"为名的军舰，以纪念美国独立战争中血腥的邦克山战役。舰上水兵昵称"邦克山"号为"假日特快"（Holiday Express）。

"邦克山"号航空母舰于1941年9月开始建造，数月后日本偷袭珍珠港，美国正式参与二战，并加快建造"邦克山"号等航空母舰。1943年"邦克山"号开始参与太平洋战争，最终在冲绳战役期间被"神风"自杀飞机重创，不得不撤出战场。

1945年9月，"邦克山"号航空母舰离开布雷默顿，参与"魔毯行动"，前往西太平洋接载美军返国。1946年1月，"邦克山"号加入后备舰队，并在布雷默顿停泊。1952年10月，"邦克山"号重编为攻击航空母舰（舷号改为CVA-17）；又于1953年8月8日再编为反潜航空母舰（舷号改为CVS-17）。1959年5月，"邦克山"号重编为飞机运输舰（舷号改为AVT-9），继续留港停泊。1966年10月，"好人理查德"号航空母舰的一个发动机因故障而损毁，海军将"邦克山"号的发动机拆除，替换到"好人理查德"号上。同年11月1日，"邦克山"号从海军名册上除籍，转到圣迭戈，作为美国海军电子实验室的电子测试平台。1973年，"邦克山"号被出售并拆解。

小 知 识

"邦克山"号航空母舰在二战中获颁美国总统部队嘉许勋表及11枚战斗之星。

美国"胡蜂"号航空母舰（CV-18）

"胡蜂"号航空母舰（USS Wasp CV-18）是美国海军埃塞克斯级航空母舰的十号舰，是美军第九艘以"胡蜂"为名的军舰。舰上水兵以胡蜂的形象，昵称"胡蜂"号为"强力蜂刺"（Mighty Stinger）。

"胡蜂"号航空母舰在1942年开始建造，起初命名为"奥里斯卡尼"号，几个月后改名为"胡蜂"号，以纪念于瓜达尔卡纳尔岛战役沉没的"胡蜂"号航空母舰（CV-7）。1943年"胡蜂"号下水服役，并在1944年开始参与太平洋战争。战后"胡蜂"号退役停放，并在1949年进行代号为SCB-27A的现代化改建。改建完成后，"胡蜂"号留在大西洋及地中海一带执勤。1952年"胡蜂"号被重编为攻击航空母舰（CVA-18），并在1955年进行SCB-125改建，增设斜角飞行甲板。1956年"胡蜂"号再重编为反潜航空母舰（CVS-18），多次参与北约的海上演习，也曾多次回收"双子座"计划的太空舱。"胡蜂"号在1972年退役除籍，并在1973年被出售及拆解。

制造商：霍河造船厂		基本参数	
服役时间：1943~1972年		满载排水量	36960吨
航空母舰类型：大型航空母舰		全长	265.8米
动力来源：4具蒸汽轮机		全宽	45米
主要自卫武器：127毫米舰炮、40毫米防空炮等		吃水	8.8米
舰载机数量：103架舰载机		最高航速	33节

美国"汉考克"号航空母舰（CV-19）

"汉考克"号航空母舰（USS Hancock CV-19）是美国海军埃塞克斯级航空母舰的十一号舰，是美军第五艘以"汉考克"为名的军舰，以纪念第一位签署美国独立宣言、第二届大陆会议主席约翰·汉考克。

"汉考克"号航空母舰在1943年开始建造，1944年服役，开始参与太平洋战争。战后"汉考克"号退役停放，在20世纪50年代进行代号为SCB-27C的现代化改建，并在期间重编为攻击航空母舰（CVA-19）。改建完成后，"汉考克"号重返现役。之后"汉考克"号再进行代号为SCB-125的改建，增设斜角飞行甲板，并留在太平洋舰队服役。

越南战争期间，"汉考克"号航空母舰多次派飞机到陆上攻击。1975年越南战争即将结束之际，"汉考克"号临时改装为两栖攻击舰，参与美国多场撤退行动。越南战争结束后，"汉考克"号重编为多用途航空母舰，舷号改回CV-19，但翌年"汉考克"号便从美国海军退役除籍，被出售并拆解。

制造商：霍河造船厂		基本参数	
服役时间：1944~1976年		满载排水量	36960吨
航空母舰类型：大型航空母舰		全长	265.8米
动力来源：4具蒸汽轮机		全宽	45米
主要自卫武器：127毫米舰炮、40毫米防空炮等		吃水	8.8米
舰载机数量：103架舰载机		最高航速	33节

美国"本宁顿"号航空母舰（CV-20）

制造商：布鲁克林造船厂
服役时间：1944~1970年
航空母舰类型：大型航空母舰
动力来源：4具蒸汽轮机
主要自卫武器：127毫米舰炮、40毫米防空炮等
舰载机数量：103架舰载机

基本参数

满载排水量	36960吨
全长	265.8米
全宽	45米
吃水	8.8米
最高航速	33节

"本宁顿"号航空母舰（USS Bennington CV-20）是美国海军埃塞克斯级航空母舰的十二号舰，是美军第二艘以"本宁顿"为名的军舰，以纪念美国独立战争的本宁顿之战。

"本宁顿"号航空母舰在1942年开始建造，1944年下水服役，1945年初参与太平洋战争。战后"本宁顿"号退役停放，在20世纪50年代进行代号为SCB-27A的现代化改建，并在期间重编为攻击航空母舰（舷号改为CVA-20）。改建完成后，"本宁顿"号重返现役。之后"本宁顿"号再进行代号为SCB-125的改建，增设斜角飞行甲板，并转到太平洋舰队服役。

1959年，"本宁顿"号航空母舰重编为反潜航空母舰（舷号改为CVS-20），继续在太平洋服役。越南战争期间，"本宁顿"号曾多次执行巡航任务，但没有派飞机到陆上作战，仅为舰队提供反潜警备。在役末期，"本宁顿"号参与了早期的"阿波罗"计划，回收了"阿波罗"4号的太空舱。"本宁顿"号在1970年退役，然后停放多年，最后于1989年除籍，并在1994年被出售到印度及拆解。

小 知 识

"本宁顿"号航空母舰两次获颁海军部队嘉许奖，并在二战中获得3枚战斗之星，在越南战争中则获得4枚战斗之星。

美国"拳师"号航空母舰（CV-21）

制造商：	纽波特纽斯造船厂
服役时间：	1945~1969年
航空母舰类型：	大型航空母舰
动力来源：	4具蒸汽轮机
主要自卫武器：	127毫米舰炮、40毫米防空炮等
舰载机数量：	103架舰载机

基本参数	
满载排水量	36960吨
全长	265.8米
全宽	45米
吃水	8.8米
最高航速	33节

"拳师"号航空母舰（USS Boxer CV-21）是美国海军埃塞克斯级航空母舰的十三号舰，是美军第五艘以"拳师"为名的军舰，舰名源自1812年战争时美军俘获的一艘英军军舰。舰上水兵以拳师的形象，昵称"拳师"号为"忙蜂"（Busy Bee），意指其精力充沛而有效率。

"拳师"号航空母舰在1943年开始建造，1944年下水，1945年正式服役。其时二战已近尾声，"拳师"号未能赶上参战。战后，"拳师"号留在太平洋服役。1952年，"拳师"号被重编为攻击航空母舰（舷号改为CVA-21）。1955年，"拳师"号重编为反潜航空母舰（舷号改为CVS-21）。1959年，"拳师"号重编为两栖攻击舰（舷号改为LPH-4），并加入大西洋舰队。之后"拳师"号航空母舰主要在加勒比海执勤，并接连参与"猪湾事件"及古巴导弹危机，也曾运载飞机到越南战场。"拳师"号在1969年退役除籍，1971年被出售并拆解。

小知识

"拳师"号航空母舰没有进行代号为SCB-27及SCB-125的改建，故其仍有建成时的开放式舰艏，也没有斜角飞行甲板。

美国"好人理查德"号航空母舰（CV-31）

制造商：	布鲁克林造船厂
服役时间：	1944~1971年
航空母舰类型：	大型航空母舰
动力来源：	4具蒸汽轮机
主要自卫武器：	127毫米舰炮、40毫米防空炮等
舰载机数量：	103架舰载机

基本参数

满载排水量	36960吨
全长	265.8米
全宽	45米
吃水	8.8米
最高航速	33节

"好人理查德"号航空母舰（USS Bon Homme Richard CV-31）是美国海军埃塞克斯级航空母舰的十四号舰，是美军第二艘以法文"好人理查德"（Bon Homme Richard）为名的军舰，舰名为美国开国元勋本杰明·富兰克林的笔名，最早用于美国独立战争时期、法国赠送给约翰·保罗·琼斯的一艘军舰。

"好人理查德"号航空母舰于1943年开始建造，1944年下水服役，1945年参与了即将结束的太平洋战争。战后"好人理查德"号退役停放，在20世纪50年代初重返现役，并重编为攻击航空母舰（舷号改为CVA-31）。1953年，"好人理查德"号同时进行代号为SCB-27C及SCB-125的现代化改建，增设斜角飞行甲板，然后留在大西洋舰队服役。越南战争期间，"好人理查德"号一共进行了6次巡航。1971年，"好人理查德"号退役，并自此封存。罗纳德·里根当政时期，曾提议复修"好人理查德"号，但因成本过高而遭国会否决。该舰最终在1989年除籍，并在1992年被出售及拆解。

小 知 识

"好人理查德"号航空母舰在服役时期共获颁1次美国总统部队嘉许勋表、2次海军部队嘉许勋表及2次海军部队嘉许奖；并在二战中获得1枚战斗之星，在越南战争中获得11枚战斗之星。

美国"莱特"号航空母舰（CV-32）

"莱特"号航空母舰（USS Leyte CV-32）是美国海军埃塞克斯级航空母舰的十五号舰，起初命名为"王冠点"，以纪念美国独立战争的同名要塞，但在建造期间更名，这使之成为美军第三艘以"莱特"为名的军舰。

"莱特"号航空母舰在二战期间建造，但在战后下水，一直在大西洋及地中海执勤。20世纪50年代初期，"莱特"号曾临时调到西太平洋。1952年，"莱特"号被重编为攻击航空母舰（舷号改为CVA-32），再于1953年改编为反潜航空母舰（舷号改为CVS-32）。1959年，"莱特"号退出现役，同时改编为飞机运输舰，自此在港内封存。此后"莱特"号一直在纽约停泊，直到1969年6月1日除籍，最终于1970年9月被出售并拆解。

"莱特"号航空母舰没有进行代号为SCB-27及SCB-125的改建，故其仍有建成时的开放式舰艏，也没有斜角飞行甲板。

制造商：纽波特纽斯造船厂		
服役时间：1946~1959年	**基本参数**	
航空母舰类型：大型航空母舰	满载排水量	36960吨
动力来源：4具蒸汽轮机	全长	265.8米
主要自卫武器：127毫米舰炮、40毫米防空炮等	全宽	45米
舰载机数量：103架舰载机	吃水	8.8米
	最高航速	33节

美国"奇沙治"号航空母舰（CV-33）

"奇沙治"号航空母舰（USS Kearsarge CV-33）是美国海军埃塞克斯级航空母舰的十六号舰，是美军第三艘以"奇沙治"为名的军舰，以纪念南北战争中的一艘同名单桅纵帆船。

"奇沙治"号航空母舰在1944年开始建造，1945年下水，1946年才加入美国海军服役，错过了二战。战后"奇沙治"号在大西洋执勤，并在20世纪50年代初进行代号为SCB-27A的现代化改建。改建完成后，"奇沙治"号重新服役，主要在太平洋执行任务。

1956年，"奇沙治"号航空母舰重编为攻击航空母舰（舷号改为CVA-33），并留在太平洋服役，在1956年进行代号为SCB-125的改建，增设斜角飞行甲板，并在1958年重编为反潜航空母舰（舷号改为CVS-33）。之后"奇沙治"号两次回收"水星"计划的指挥舱，又在越南战争期间在西太平洋作反潜巡航。"奇沙治"号在1970年退役，于1973年除籍，最终在1974年被出售并拆解。

制造商：布鲁克林造船厂		
服役时间：1946~1970年	**基本参数**	
航空母舰类型：大型航空母舰	满载排水量	36960吨
动力来源：4具蒸汽轮机	全长	265.8米
主要自卫武器：127毫米舰炮、40毫米防空炮等	全宽	45米
舰载机数量：103架舰载机	吃水	8.8米
	最高航速	33节

美国"奥里斯卡尼"号航空母舰(CV-34)

制造商:布鲁克林造船厂

服役时间:1950~1976年

航空母舰类型:大型航空母舰

动力来源:4具蒸汽轮机

主要自卫武器:127毫米舰炮、40毫米防空炮等

舰载机数量:103架舰载机

基本参数	
满载排水量	36960吨
全长	265.8米
全宽	45米
吃水	8.8米
最高航速	33节

"奥里斯卡尼"号航空母舰(USS Oriskany CV-34)是美国海军埃塞克斯级航空母舰的十七号舰,是美军第三艘以"奥里斯卡尼"为名的军舰,以纪念美国独立战争中的奥里斯卡尼战役。

"奥里斯卡尼"号航空母舰在1944年开始建造,并在二战结束后两个月下水。接着美国海军延迟"奥里斯卡尼"号的服役时间,将之用作代号为SCB-27A的现代化改建的原型舰,使"奥里斯卡尼"号到1950年才正式服役。改建后"奥里斯卡尼"号在大西洋舰队短暂服役,然后加入太平洋舰队。1952年,"奥里斯卡尼"号重编为攻击航空母舰(舷号改为CVA-34)。1959年,"奥里斯卡尼"号进行代号为SCB-125A的改建,增设斜角飞行甲板及封闭舰艏。

1965年,"奥里斯卡尼"号航空母舰开始参与越南战争,并在战争期间8次前往西太平洋巡航,直到1975年战争正式结束为止。战争结束后"奥里斯卡尼"号被重编为多用途航空母舰(舷号改回CV-34),然后到西太平洋做最后一次巡航。1976年,"奥里斯卡尼"号退役,开始在后备舰队封存。1989年,"奥里斯卡尼"号除籍。

小知识

2006年,"奥里斯卡尼"号航空母舰在彭萨科拉外海炸沉,成为目前世界上最大型的人工鱼礁。也是继在"十字路口"行动中沉没的"萨拉托加"号航空母舰后,第二艘可通过水肺潜水抵达的航空母舰遗迹。

美国"安提坦"号航空母舰（CV-36）

制造商：费城造船厂

服役时间：1945~1963年

航空母舰类型：大型航空母舰

动力来源：4具蒸汽轮机

主要自卫武器：127毫米舰炮、40毫米防空炮等

舰载机数量：103架舰载机

基本参数	
满载排水量	36960吨
全长	265.8米
全宽	45米
吃水	8.8米
最高航速	33节

"安提坦"号航空母舰（USS Antietam CV-36）是美国海军埃塞克斯级航空母舰的十八号舰，是美军第二艘以"安提坦"为名的军舰，以纪念南北战争马里兰会战的安提坦战役。该战役为美国本土战争中死亡人数最多的单日战事。

"安提坦"号航空母舰在二战期间开始建造，1944年下水，1945年初服役，但直到日本投降，"安提坦"号都没能参战，一直留在后方。战后"安提坦"号一度退役封存，在20世纪50年代初重新服役，并重编为攻击航空母舰（舷号改为CVA-36）。之后，"安提坦"号编入大西洋舰队，并在1952年率先加装了实验性的斜角飞行甲板。此设计后来应用到埃塞克斯级航空母舰的代号为SCB-125的改建，以及所有美国新建的航空母舰。

1953年，"安提坦"号航空母舰重编为反潜航空母舰（舷号改为CVS-36），并在1957年起在彭萨科拉作训练航空母舰。1963年，"安提坦"号再次退役，1973年除籍，并在1974年被出售及拆解。

小知识

1961年9月及10月，"哈蒂"及"卡拉"两个5级飓风分别吹袭美国及中美洲，"安提坦"号航空母舰先后到得克萨斯州及伯利兹协助救援，并运载食品及药物。

美国"普林斯顿"号航空母舰（CV-37）

制造商：	费城造船厂

服役时间：1945~1970年

航空母舰类型：大型航空母舰

动力来源：4具蒸汽轮机

主要自卫武器：127毫米舰炮、40毫米防空炮等

舰载机数量：103架舰载机

基本参数	
满载排水量	36960吨
全长	265.8米
全宽	45米
吃水	8.8米
最高航速	33节

"普林斯顿"号航空母舰（USS Princeton CV-37）是美国海军埃塞克斯级航空母舰的十九号舰，是美军第五艘以"普林斯顿"为名的军舰，以纪念美国独立战争中的普林斯顿战役。

"普林斯顿"号航空母舰在1943年开始建造，1945年下水，并在二战结束后才服役。由于战后美国海军经费短缺，"普林斯顿"号在1949年首次退役，但一年后便重返现役，接连参与多场战斗，并在1952年重编为攻击航空母舰（舷号为CVA-37）。20世纪50年代后期，"普林斯顿"号被重编为反潜航空母舰（舷号为CVS-37），继续留在太平洋服役。

1959年，"普林斯顿"号航空母舰重编为两栖攻击舰（舷号改为LPH-5），转为搭载美国海军陆战队的直升机。越南战争期间，"普林斯顿"号多次派陆战队登陆作战，并在退役前夕参与了"阿波罗"计划，回收了"阿波罗"10号的太空舱。1970年，"普林斯顿"号退役除籍，最后于1973年被出售并拆解。

小 知 识

由于"普林斯顿"号航空母舰并不像许多姊妹舰一般进行过代号为SCB-27及SCB-125的改建，故其仍维持着当初完工下水时的开放式舰艏，也没有改装成斜角飞行甲板。

美国"香格里拉"号航空母舰（CV-38）

制造商：诺福克造船厂

服役时间：1944~1971年

航空母舰类型：大型航空母舰

动力来源：4具蒸汽轮机

主要自卫武器：127毫米舰炮、40毫米防空炮等

舰载机数量：103架舰载机

基本参数

满载排水量	36960吨
全长	265.8米
全宽	45米
吃水	8.8米
最高航速	33节

"香格里拉"号航空母舰（USS Shangri-La CV-38）是美国海军埃塞克斯级航空母舰的二十号舰，是美军第一艘以"香格里拉"为名的军舰。舰名虽然取自小说《消失的地平线》中的理想国度，但实际上是为了纪念杜立德空袭东京。当时美国总统罗斯福在空袭后被问及B-25轰炸机从何起飞时，仅以"香格里拉"一词作答，避过谈及轰炸机由"大黄蜂"号航空母舰起飞的军事机密。

"香格里拉"号航空母舰在1943年开始建造，其时"大黄蜂"号航空母舰已在数月前的圣克鲁斯群岛战役沉没，使"香格里拉"号亦有纪念其战损之意。1944年"香格里拉"号下水服役，1945年开始参与太平洋战争。战后"香格里拉"号在"十字路口"行动中担任美军观测舰，然后退役停放。20世纪50年代，"香格里拉"号同时进行代号为SCB-27C及SCB-125的现代化改建，并在期间重编为攻击航空母舰（舷号改为CVA-38）。改建完成后，"香格里拉"号重返现役。接着"香格里拉"号留在大西洋舰队服役，并在越南战争期间短暂到西太平洋服役。1971年，"香格里拉"号退役，在1982年除籍，最终在1988年被出售并拆解。

小知识

"香格里拉"号航空母舰获颁1次海军部队嘉许奖，在二战中获得2枚战斗之星，在越南战争则获得3枚战斗之星。

美国"尚普兰湖"号航空母舰(CV-39)

"尚普兰湖"号航空母舰(USS Lake Champlain CV-39)是美国海军埃塞克斯级航空母舰的二十一号舰,是第二艘以"尚普兰湖"为名的美军军舰,以纪念1812年战争中的尚普兰湖战役。

"尚普兰湖"号航空母舰在1943年开始建造,1944年下水,但到1945年中才开始服役,未能赶上参与二战,并在战后不久退役封存。20世纪50年代初,"尚普兰湖"号到纽波特纽斯造船厂进行代号为SCB-27A的改建,并在期间改编为攻击航空母舰(舷号改为CVA-36)。之后,"尚普兰湖"号主要在大西洋一带执勤。1957年"尚普兰湖"号重编为反潜航空母舰(舷号为CVS-36),并参与回收"水星"计划及"双子座"计划的太空舱。1966年,"尚普兰湖"号退役,1969年除籍,最后在1972年被出售并拆解。

制造商:诺福克造船厂
服役时间:1945~1966年
航空母舰类型:大型航空母舰
动力来源:4具蒸汽轮机
主要自卫武器:127毫米舰炮、40毫米防空炮等
舰载机数量:103架舰载机

基本参数	
满载排水量	36960吨
全长	265.8米
全宽	45米
吃水	8.8米
最高航速	33节

美国"塔拉瓦"号航空母舰(CV-40)

"塔拉瓦"号航空母舰(USS Tarawa CV-40)是美国海军埃塞克斯级航空母舰的二十二号舰,是美军第一艘以"塔拉瓦"为名的军舰,以纪念二战中的塔拉瓦战役。

"塔拉瓦"号航空母舰在二战期间开始建造,1945年下水,但在战后才正式服役。由于美军当时的航空母舰过剩,"塔拉瓦"号在1949年便首次退役。1951年,"塔拉瓦"号重新服役,一直留在大西洋及地中海。"塔拉瓦"号先后改编为攻击航空母舰及反潜航空母舰,最终在1960年再次退役,改为飞机运输舰,自此未再出海巡航。1967年,"塔拉瓦"号除籍,1968年被出售并拆解。

"塔拉瓦"号航空母舰没有进行代号为SCB-27及SCB-125的改建,故其仍有建成时的开放式舰艏,也没有斜角飞行甲板。

制造商:诺福克造船厂
服役时间:1945~1960年
航空母舰类型:大型航空母舰
动力来源:4具蒸汽轮机
主要自卫武器:127毫米舰炮、40毫米防空炮等
舰载机数量:103架舰载机

基本参数	
满载排水量	36960吨
全长	265.8米
全宽	45米
吃水	8.8米
最高航速	33节

美国"福吉谷"号航空母舰(CV-45)

"福吉谷"号航空母舰(USS Valley Forge CV-45)是美国海军埃塞克斯级航空母舰的二十三号舰,是美军第一艘以"福吉谷"为名的军舰,以纪念美国独立战争期间华盛顿与大陆军在1777年冬天艰苦驻扎的阵地。服役期间,"福吉谷"号获得了"快活谷"(Happy Valley)的绰号。

"福吉谷"号航空母舰在二战期间建造,但在战后下水。按建造日期,它是美国最后建造的一艘埃塞克斯级航空母舰;但按舷号次序,最后一艘埃塞克斯级航空母舰是"菲律宾海"号航空母舰。20世纪50年代,"福吉谷"号被重编为攻击航空母舰(舷号改为CVA-45),隶属太平洋舰队,1954年改为反潜航空母舰(舷号改为CVS-45),再于1961年改建为两栖攻击舰(舷号改为LPH-8)。1964年起,"福吉谷"号多次搭载美国海军陆战队前往越南。1970年"福吉谷"号退役除籍,并于1971年被美国海军出售及拆解。

"福吉谷"号航空母舰没有进行代号为SCB-27及SCB-125的改建,故其仍有建成时的开放式舰艏,也没有斜角飞行甲板。

制造商:费城造船厂		
服役时间:1946~1970年	**基本参数**	
航空母舰类型:大型航空母舰	满载排水量	36960吨
动力来源:4具蒸汽轮机	全长	265.8米
主要自卫武器:127毫米舰炮、40毫米防空炮等	全宽	45米
	吃水	8.8米
舰载机数量:103架舰载机	最高航速	33节

美国"菲律宾海"号航空母舰(CV-47)

"菲律宾海"号航空母舰(USS Philippine Sea CV-47)是美国海军埃塞克斯级航空母舰的二十四号舰,是美军第一艘以"菲律宾海"为名的军舰,以纪念菲律宾海海战。

"菲律宾海"号航空母舰在二战期间开始建造,但在战后下水。20世纪50年代,"菲律宾海"号被重编为攻击航空母舰(舷号改为CVA-47),在太平洋舰队服役。1955年,"菲律宾海"号改为反潜航空母舰(舷号改为CVS-47)。1958年,"菲律宾海"号退出现役。1959年,被重编为飞机运输舰(舷号改为AVT-11),继续在后备舰队待命。1969年,"菲律宾海"号除籍,并于1971年被出售及拆解。

"菲律宾海"号航空母舰没有进行代号为SCB-27及SCB-125的改建,故其仍有建成时的开放式舰艏,也没有斜角飞行甲板。

制造商:霍河造船厂		
服役时间:1946~1958年	**基本参数**	
航空母舰类型:大型航空母舰	满载排水量	36960吨
动力来源:4具蒸汽轮机	全长	265.8米
主要自卫武器:127毫米舰炮、40毫米防空炮等	全宽	45米
	吃水	8.8米
舰载机数量:103架舰载机	最高航速	33节

美国"独立"号航空母舰（CVL-22）

制造商：	纽约造船厂
服役时间：	1943~1946年
航空母舰类型：	轻型航空母舰
动力来源：	4具蒸汽轮机
主要自卫武器：	40毫米防空炮、20毫米机炮等
舰载机数量：	30架舰载机

基本参数

满载排水量	14751吨
全长	190米
全宽	33.3米
吃水	7.4米
最高航速	31节

"独立"号航空母舰（USS Independence CVL-22）是美国海军独立级航空母舰的首舰，是美军第四艘以"独立"为名的军舰。

"独立"号航空母舰于1941年5月1日开始在纽约造船厂建造，起造时原为克利夫兰级轻巡洋舰的五号舰"阿姆斯特丹"号（USS Amsterdam CL-59）。几个月后，日本偷袭珍珠港，美国正式参与二战。此时美军航空母舰短缺，故最终将9艘建造中的克利夫兰级轻巡洋舰改装为航空母舰。1942年2月12日，"阿姆斯特丹"号开始改装为航空母舰，更改舰名及舷号（由CL-59改为CV-22）。同年8月22日，"独立"号下水，并在1943年1月14日服役。

1943年7月15日，"独立"号等改装航空母舰被重编为轻型航空母舰，舷号改为CVL-22。之后"独立"号加入太平洋战争，参与多场战役，直到战争结束。此外，该舰还曾短暂与"萨拉托加"号航空母舰、"企业"号航空母舰等改编为夜战航空母舰。在二战中，"独立"号获得8枚战斗之星。

▲ "独立"号航空母舰

小知识

二战后，"独立"号航空母舰参与"魔毯"行动，运载美军返国，并在之后的"十字路口"行动（1946年美国在比基尼环礁进行的核试验）中用作靶舰。"独立"号虽未在核试验中沉没，却受到严重的辐射污染，最终在1951年1月29日被美国海军于旧金山外海凿沉。

美国"普林斯顿"号航空母舰（CVL-23）

基本参数	
满载排水量	14751吨
全长	190米
全宽	33.3米
吃水	7.4米
最高航速	31节

制造商：纽约造船厂

服役时间：1943~1944年

航空母舰类型：轻型航空母舰

动力来源：4具蒸汽轮机

主要自卫武器：40毫米防空炮、20毫米机炮等

舰载机数量：30架舰载机

"普林斯顿"号航空母舰（USS Princeton CVL-23）是美国海军独立级航空母舰的二号舰，是美军第四艘以"普林斯顿"为名的军舰。

"普林斯顿"号航空母舰于1941年6月2日开始在纽约造船厂建造，原为克利夫兰级轻巡洋舰的七号舰"塔拉哈西"号。1942年2月16日，开始改建为航空母舰，更改舰名及舷号（由CL-61改为CV-23）。同年10月18日，"普林斯顿"号下水，并在1943年2月25日服役。

1943年7月15日，"普林斯顿"号航空母舰被重编为轻型航空母舰，舷号改为CVL-23。之后"普林斯顿"号加入太平洋战争，参与多场战役。1944年10月24日莱特湾海战期间，"普林斯顿"号被日本舰载机攻击，发生爆炸和大火，由于救援无望，舰长霍金斯上校被迫弃舰。而美军先后派"欧文"号驱逐舰及"雷诺"号轻型巡洋舰以鱼雷将之击沉。在二战中，"普林斯顿"号获得9枚战斗之星。

小知识

为纪念"普林斯顿"号航空母舰，美军后来将一艘建造中的埃塞克斯级航空母舰（舷号为CV-37）更名为"普林斯顿"号。1945年7月8日，新"普林斯顿"号下水，并在11月18日服役，由霍金斯上校出任第一任舰长。

美国"贝劳森林"号航空母舰（CVL-24）

制造商：纽约造船厂

服役时间：1943~1947年（美国）、1953~1960年（法国）

航空母舰类型：轻型航空母舰

动力来源：4具蒸汽轮机

主要自卫武器：40毫米防空炮、20毫米机炮等

舰载机数量：30架舰载机

基本参数

满载排水量	14751吨
全长	190米
全宽	33.3米
吃水	7.4米
最高航速	31节

"贝劳森林"号航空母舰（USS Belleau Wood CVL-24）是美国海军独立级航空母舰的三号舰，是美军第一艘以"贝劳森林"为名的军舰，以纪念一战中的贝劳森林战役。

"贝劳森林"号航空母舰于1941年8月11日开始在纽约造船厂建造，原为克利夫兰级轻型巡洋舰的十四号舰"纽黑文"号。1942年2月16日，开始改建为航空母舰，并更改舷号（由CL-76改为CV-24）。同年12月6日，"贝劳森林"号下水，并在1943年3月31日服役。

1943年7月15日，"贝劳森林"号航空母舰被重编为轻型航空母舰，舷号改为CVL-24。之后"贝劳森林"号加入太平洋战争，参与多场战役。战后"贝劳森林"号参与"魔毯"行动，运载美军返国，然后在1947年退役封存。1953年9月5日，美国将"贝劳森林"号外借到法国海军服役。为纪念一战中美军的援助，法军保留"贝劳森林"号舰名，仅转为法文拼写（Bois Belleau）。1954年日内瓦会议后，"贝劳森林"号返回法国，并在之后参与阿尔及利亚战争。1960年9月12日，"贝劳森林"号归还美国，在同年10月1日除籍，最终在11月21日被出售并拆解。

小 知 识

"贝劳森林"号航空母舰在二战中获颁总统单位嘉奖勋表及12枚战斗之星。

美国"科本斯"号航空母舰（CVL-25）

制造商：纽约造船厂

服役时间：1943~1947年

航空母舰类型：轻型航空母舰

动力来源：4具蒸汽轮机

主要自卫武器：40毫米防空炮、20毫米机炮等

舰载机数量：30架舰载机

基本参数	
满载排水量	14751吨
全长	190米
全宽	33.3米
吃水	7.4米
最高航速	31节

"科本斯"号航空母舰（USS Cowpens CVL-25）是美国海军独立级航空母舰的四号舰，是美军第一艘以"科本斯"为名的军舰，以纪念美国独立战争中的科本斯战役。

"科本斯"号航空母舰于1941年11月7日开始在纽约造船厂建造，原为克利夫兰级轻型巡洋舰的十五号舰"亨廷顿"号。1942年3月，开始改建为航空母舰，并更改舷号（由CL-77改为CV-25）及舰名。1943年1月17日，"科本斯"号下水，并在5月28日服役。

1943年7月15日，"科本斯"号被重编为轻型航空母舰，舷号改为CVL-25。之后"科本斯"号加入太平洋战争，参与多场战役。战后"科本斯"号参与"魔毯"行动，运载美军返国，然后在1946年12月3日退役封存。1959年5月15日，"科本斯"号被重编为飞机运输舰，舷号改为AVT-1，但继续封存。同年11月1日"科本斯"号除籍，并在1960年被出售及拆解。

小知识

"科本斯"号航空母舰在二战中获颁美国海军特别表扬及12枚战斗之星。

美国"蒙特利"号航空母舰（CVL-26）

制造商：纽约造船厂

服役时间：1943~1947年

航空母舰类型：轻型航空母舰

动力来源：4具蒸汽轮机

主要自卫武器：40毫米防空炮、20毫米机炮等

舰载机数量：30架舰载机

基本参数

满载排水量	14751吨
全长	190米
全宽	33.3米
吃水	7.4米
最高航速	31节

"蒙特利"号航空母舰（USS Monterey CVL-26）是美国海军独立级航空母舰的五号舰，是美军第三艘以"蒙特利"为名的军舰，以纪念美墨战争中在加利福尼亚州的蒙特利战役。

"蒙特利"号航空母舰于1941年12月29日开始在纽约造船厂建造，原为克利夫兰级轻型巡洋舰的十六号舰"代顿"号。1942年3月18日，开始改建为航空母舰，并在稍后更改舷号（由CL-78改为CV-26）及舰名。1943年2月28日，"蒙特利"号下水，并在6月17日服役。

1943年7月15日，"蒙特利"号航空母舰被重编为轻型航空母舰，舷号改为CVL-26。之后"蒙特利"号加入太平洋战争，参与多场战役。战后"蒙特利"号参与"魔毯"行动，运载美军返国，然后在1947年2月11日退役封存。1950年9月15日，"蒙特利"号重返现役，并在彭萨科拉用作训练航空母舰，直到1955年6月9日为止。1956年1月16日，"蒙特利"号再次退役封存，虽在1959年5月15日重编为飞机运输舰，舷号改为AVT-2，但未再出海巡航。1970年6月1日"蒙特利"号除籍，并在1971年5月被出售及拆解。

小知识

"蒙特利"号航空母舰在二战中获得11枚战斗之星。

美国"兰利"号航空母舰（CVL-27）

制造商：纽约造船厂

服役时间：1943~1947年

航空母舰类型：轻型航空母舰

动力来源：4具蒸汽轮机

主要自卫武器：40毫米防空炮、20毫米机炮等

舰载机数量：30架舰载机

基本参数

满载排水量	14751吨
全长	190米
全宽	33.3米
吃水	7.4米
最高航速	31节

"兰利"号航空母舰（USS Langley CVL-27）是美国海军独立级航空母舰的六号舰，是美军第二艘以"兰利"为名的军舰。该舰于1942年4月11日动工建造，原为克利夫兰级轻型巡洋舰的"法戈"号，为纪念被日军击沉的水上飞机供应舰"兰利"号（舷号为AV-3），遂于1942年11月13日改名为"兰利"号。1943年5月22日，"兰利"号下水，1943年7月15日被重编为轻型航空母舰，舷号改为CVL-27。

1943年8月31日，"兰利"号航空母舰正式服役。经过在加勒比海地区的试航后，"兰利"号于12月6日离开费城，并于次年1月19日抵达珍珠港。"兰利"号被编入第58特遣舰队，并立即参与马绍尔群岛战役。1944年6月7日，"兰利"号从马约罗环礁出发，参与马里亚纳群岛行动。行动中，"兰利"号上的飞行大队除了参与对塞班岛与泰尼安岛的攻击外，也参与了菲律宾海海战。在1944年10月的莱特湾海战中，"兰利"号参与了对栗田健男的中央部队（西布延之役）与小泽治三郎的北方部队（恩干诺角之役）的攻击。11月，"兰利"号持续支援美军攻击菲律宾的行动，直到12月1日，该舰才回到乌利西环礁整补。1946年5月31日，"兰利"号被编进大西洋后备舰队的费城群，之后在1947年2月11日除役。

小知识

二战后，"兰利"号航空母舰完成两次"魔毯"行动，以载运太平洋战区的美军返回美国。1945年11月15日起，又进行两次类似的任务，以载运美国驻欧洲的陆军部队返回美国。

美国"卡伯特"号航空母舰（CVL-28）

制造商：纽约造船厂
服役时间：1943~1955年（美国）、1967~1989年（西班牙）
航空母舰类型：轻型航空母舰
动力来源：4具蒸汽轮机
主要自卫武器：40毫米防空炮、20毫米机炮等
舰载机数量：30架舰载机

基本参数

满载排水量	14751吨
全长	190米
全宽	33.3米
吃水	7.4米
最高航速	31节

"卡伯特"号航空母舰（USS Cabot CVL-28）是美国海军独立级航空母舰的七号舰，是美军第二艘以"卡伯特"为名的军舰，以纪念探险家乔瓦尼·卡伯特。

"卡伯特"号航空母舰于1942年3月16日开始在纽约造船厂建造，原为克利夫兰级轻型巡洋舰的十七号舰"威尔明顿"号。1942年6月2日，开始改建为航空母舰，并更改舷号（由CL-79改为CV-28）及舰名。1943年4月4日，"卡伯特"号下水，并在1943年7月15日重编为轻型航空母舰，舷号改为CVL-28。1943年7月24日，"卡伯特"号正式服役。之后"卡伯特"号加入太平洋战争，参与多场战役。

战后，"卡伯特"号航空母舰运载美军回国，然后在1947年2月11日退役封存。1948年10月27日，退役不久的"卡伯特"号重返现役，在彭萨科拉用作训练航空母舰，后来率先试验改装为反潜航空母舰，并曾到欧洲海域巡航。1955年1月21日，"卡伯特"号再次退役封存，并于1959年5月15日重编为飞机运输舰，舷号改为AVT-3。1967年，美国海军将"卡伯特"号外借给西班牙海军，并在同年8月30日再次服役，更名为"戴达罗"号。1972年8月1日，"卡伯特"号从美国海军名册除籍，并在12月5日正式出售到西班牙海军。1989年，"戴达罗"号航空母舰返回美国新奥尔良，并于8月5日从西班牙海军除籍。此时该舰是世界上最后一艘二战时期的轻型航空母舰。

小 知 识

"卡伯特"号航空母舰在二战中获颁总统单位嘉奖勋表及9枚战斗之星。

美国"巴丹"号航空母舰（CVL-29）

| 制造商：纽约造船厂 |
| 服役时间：1943~1954年 |
| 航空母舰类型：轻型航空母舰 |
| 动力来源：4具蒸汽轮机 |
| 主要自卫武器：40毫米防空炮、20毫米机炮等 |
| 舰载机数量：30架舰载机 |

基本参数

满载排水量	14751吨
全长	190米
全宽	33.3米
吃水	7.4米
最高航速	31节

"巴丹"号航空母舰（USS Bataan CVL-29）是美国海军独立级航空母舰的八号舰，是美军第一艘以"巴丹"为名的军舰，以纪念太平洋战争中的巴丹半岛战役。

"巴丹"号航空母舰的建造合约在1940年12月16日批出，原为克利夫兰级轻型巡洋舰的三十号舰"布法罗"号。1942年6月2日，合约更改为建造航空母舰，并更改舷号（由CL-99改为CV-29）及舰名，于8月31日在纽约造船厂开始建造。1943年7月15日，"巴丹"号被重编为轻型航空母舰，舷号改为CVL-29。1943年8月1日，"巴丹"号下水，并在11月17日服役。之后"巴丹"号加入太平洋战争，参与多场战役。战后"巴丹"号参与"魔毯"行动，运载美军返国，于1947年2月11日退役封存。

1950年5月13日，"巴丹"号航空母舰重返现役，并用作试验性的反潜航空母舰。后来由于美军在西太平洋的航空母舰短缺，"巴丹"号随即改变用途为攻击航空母舰，前往西太平洋。1954年4月9日，"巴丹"号退役。封存数年后，"巴丹"号先于1959年5月15日改编为飞机运输舰，舷号改为AVT-4，再于9月1日除籍，最后于1961年5月被出售并拆解。

小 知 识

"巴丹"号航空母舰在二战中获得6枚战斗之星。

美国"圣哈辛托"号航空母舰（CVL-30）

制造商：纽约造船厂

服役时间：1943~1947年

航空母舰类型：轻型航空母舰

动力来源：4具蒸汽轮机

主要自卫武器：40毫米防空炮、20毫米机炮等

舰载机数量：30架舰载机

基本参数

满载排水量	14751吨
全长	190米
全宽	33.3米
吃水	7.4米
最高航速	31节

"圣哈辛托"号航空母舰（USS San Jacinto CVL-30）是美国海军独立级航空母舰的九号舰，是美国海军第二艘以"圣哈辛托"为名的军舰。该舰于1942年10月26日动工建造，1943年9月26日下水，1943年11月15日正式服役。

"圣哈辛托"号航空母舰原为克利夫兰级轻型巡洋舰的"纽华克"号，拥有瘦长的舰体外形，与一般标准的航空母舰不大相同。二战中，"圣哈辛托"号参与过太平洋地区多场著名的战役，包括1944年6月的菲律宾海战。

"圣哈辛托"号航空母舰在二战结束后的1947年3月1日除役，改编入美国海军太平洋储备舰队，驻于加利福尼亚州的圣迭戈。1959年5月15日改为辅助飞机运输船，舷号改为AVT-5。直到1970年6月1日该舰才正式自美国海军船只名册中除名，并于1971年12月15日在加利福尼亚州长堤的终端岛解体拆除。

小知识

"圣哈辛托"号航空母舰的舰名是为了纪念1836年4月21日发生在今美国得克萨斯州哈里斯县的圣哈辛托战役（Battle of San Jacinto），该战役是得克萨斯独立的决定性战役。

美国"塞班岛"号航空母舰（CVL-48）

制造商：纽约造船公司
服役时间：1946~1970年
航空母舰类型：轻型航空母舰
动力来源：4具蒸汽轮机
主要自卫武器：40毫米防空炮、20毫米机炮等
舰载机数量：42架舰载机

"塞班岛"号航空母舰（USS Saipan CVL-48）是美国海军塞班岛级航空母舰的首舰，由巡洋舰舰体改建而成。该舰于1944年7月10日动工建造，1945年7月8日下水，1946年7月14日正式服役。1965年，该舰被改装成"阿灵顿"号通信中继舰（USS Arlington AGMR-2）。

"塞班岛"号航空母舰的外形酷似独立级航空母舰，但排水量稍大。该舰的飞行甲板比较宽大，岛式上层建筑在舰体右舷。动力装置为4台蒸汽轮机，搭配4台锅炉，推进功率为89500千瓦。以15节速度航行时，"塞班岛"号的续航距离为8000海里（1海里=1609.344米，下同）。

"塞班岛"号航空母舰的自卫武器为5座四联装40毫米防空炮、10座双联装40毫米防空炮和16门20毫米机炮。该舰可以搭载42架舰载机，包括18架F6F"地狱猫"战斗机、12架SB2C"地狱俯冲者"俯冲轰炸机和12架TBM"复仇者"鱼雷轰炸机。

基本参数

满载排水量	19000吨
全长	208.7米
全宽	35米
吃水	8.5米
最高航速	33节

小知识

塞班岛是北马里亚纳群岛的联邦首府。二战时期，日本军队和美国军队为争夺该岛展开了激烈战斗。

▲ "塞班岛"号航空母舰

美国"莱特"号航空母舰（CVL-49）

"莱特"号航空母舰（USS Wright CVL-49）是美国海军塞班岛级航空母舰的二号舰，1944年8月21日动工建造，1945年9月1日下水，1947年2月9日正式服役。该舰作为航空母舰服役的时间很短，它在20世纪50年代喷气式飞机出现之后迅速过时，但美国海军认为它的船体较有价值，因为船体内较大的空间很容易改装用作他途。因此，在"塞班岛"号被改装为通信中继舰时，"莱特"号也被改装为指挥舰。

"莱特"号航空母舰使用了巴尔的摩级重型巡洋舰的船体和轮机的设计，与独立级航空母舰相比，"莱特"号改善了航海性能，进一步细分了水密舱布置，加强了装甲，增大了弹药库容量，加大了飞行甲板的强度，增加了更多的航空队，并且稍稍提升了航速。后来改装成指挥舰，舰上装备了各种情报搜集的处理设备，同时增设了作战室和参谋室，以便向世界各地的美国军舰传送命令。为了安装通信设备，在飞行甲板上竖起了高25米的天线杆，因此舰体外形变化极大。

▲ 改装为指挥舰后的"莱特"号

制造商：纽约造船公司

服役时间：1947~1970年

航空母舰类型：轻型航空母舰

动力来源：4具蒸汽轮机

主要自卫武器：40毫米防空炮、20毫米机炮等

舰载机数量：42架舰载机

基本参数

满载排水量	19000吨
全长	208.7米
全宽	35米
吃水	8.5米
最高航速	33节

小知识

"莱特"号航空母舰是美国海军第二艘以"莱特"为名的军舰，以飞机发明者莱特兄弟的名字命名。

英国"百眼巨人"号航空母舰（I49）

制造商：意大利罗亚德·萨包多公司

服役时间：1918~1944年

航空母舰类型：轻型航空母舰

动力来源：4具蒸汽轮机

主要自卫武器：102毫米舰炮、47毫米防空炮等

舰载机数量：15架舰载机

"百眼巨人"号航空母舰（HMS Argus I49）是英国海军第一艘真正意义上的航空母舰外形的军舰，也是世界上第一艘全通式飞行甲板航空母舰。英国海军以希腊神话中百眼巨人的名字来命名这艘划时代的军舰。

"百眼巨人"号航空母舰最初为意大利罗亚德·萨包多公司建造的"罗索伯爵"号远洋邮轮，于1914年安放龙骨，然而在它下水前就因战争停工，在1916年被英国海军买下，并着手改装为航空母舰。舰上原有的烟囱被拆除，设计人员设计出从主甲板下面通向舰艉的水平排烟道，从而清除了妨碍飞机起降的最大障碍。飞行跑道前后贯通，形成了全通式的飞行甲板，大大方便了舰载机的起降作业。此后，这种结构的航空母舰便被称为"平原型"航空母舰。

1918年5月，"百眼巨人"号航空母舰的改装工程完工。同年9月，该舰编入英国海军的作战序列。1918年10月1日，由理查·贝尔·戴维斯中校驾驶的"支柱"式飞机首次降落在"百眼巨人"号上。当时，英国试图让"百眼巨人"号携带鱼雷轰炸机对德国公海舰队的锚地发动攻击，但因战争结束而没有实施。二战初期，因英国海军航空母舰损失惨重，已改为训练航空母舰的"百眼巨人"号被召回第一线，并成为英国海军唯一能搭载机翼无法折叠的飞机的航空母舰。1944年12月，"百眼巨人"号从英国海军退役。

基本参数

满载排水量	16028吨
全长	172.2米
全宽	20.7米
吃水	7.1米
最高航速	20节

小知识

"百眼巨人"号航空母舰利用邮轮船体宽大的内部空间设置单层机库，以及燃油库、弹药库等与航空作业相关舱室，机库前部与中后部有2部升降机，用于在机库与飞行甲板之间转移舰载机。

▲ "百眼巨人"号航空母舰

英国"报复"号航空母舰(48)

制造商:哈兰德与沃尔夫造船厂

服役时间:1918~1945年

航空母舰类型:轻型航空母舰

动力来源:4具蒸汽轮机

主要自卫武器:190毫米舰炮、76毫米防空炮等

舰载机数量:12架舰载机

基本参数

满载排水量	12600吨
全长	184.4米
全宽	19.8米
吃水	5.9米
最高航速	30节

"报复"号航空母舰(HMS Vindictive 48)是英国在一战时期建造的实验型航空母舰,1916年6月29日动工建造,1918年1月17日下水,1918年10月1日正式服役。

"报复"号航空母舰的前身是霍金斯级重型巡洋舰的"卡文迪什"号,1918年下水后被改装为航空母舰。"报复"号有着相互分离的起飞甲板和着陆甲板,前后两个甲板通过一个天桥连接。由于该结构在使用中暴露了无法克服的先天缺陷,所以"报复"号很少进行舰载机飞行作业。

1919年6月6日,"报复"号航空母舰发生事故,舰体严重损毁。1919年12月24日,"报复"号于朴次茅斯船厂修复完毕,并于1920年担任运兵船。1923年3月~1925年3月期间,"报复"号接受改装,改回巡洋舰,但是舰上机库和飞机弹射器保留到了1928年。1929年,"报复"号列入后备役,1937年5月根据《伦敦条约》解除武装,1937年9月改为训练舰,1939年又改为修理舰。

小知识

1945年9月9日,"报复"号航空母舰永久退役,并于1946年1月24日被出售及拆解。

英国"竞技神"号航空母舰(95)

制造商:阿姆斯特朗·惠特沃斯公司

服役时间:1924~1942年

航空母舰类型:轻型航空母舰

动力来源:2具蒸汽轮机

主要自卫武器:140毫米舰炮、102毫米防空炮等

舰载机数量:20架舰载机

"竞技神"号航空母舰(HMS Hermes 95)是英国海军于1917年订购的航空母舰,被认为是现代航空母舰的始祖。在航空母舰发展初期,世界各国的航空母舰几乎都是由战列舰、重型巡洋舰或商船改装而来,而"竞技神"号是世界上第一艘专门设计的航空母舰。该舰于1917年4月开工建造,由于一战结束以及结构布局需要进行大量的试验,导致建造工程进度缓慢,直到1923年才完工。

"竞技神"号航空母舰拥有全通式飞行甲板,而非改装航空母舰中常见的前后两段式,极大地方便了舰载机起降作业。该舰采用封闭型的舰艏,极具抗浪性,使飞行甲板强度更大。岛式上层建筑置于右舷,利用右侧舰桥将烟囱环抱在内,既牢固又美观,至今仍被常规动力航空母舰所采用。

1924年,"竞技神"号航空母舰服役后被派往远东活动,游弋在东南亚。欧洲爆发战争后,"竞技神"号被调回大西洋,担负搜索德国海上袭击舰的任务。1940~1941年上半年,"竞技神"号加入英国地中海舰队对意大利海军作战,之后又被调回印度洋。1942年4月9日,"竞技神"号在印度锡兰岛亭可马里海军基地附近,遭到日本机动舰队的舰载机攻击,共命中10弹,很快沉没。

基本参数

满载排水量	13900吨
全长	182.9米
全宽	27.4米
吃水	7.1米
最高航速	25节

▲ "竞技神"号航空母舰

小 知 识

"竞技神"号航空母舰的自卫武器为6门140毫米舰炮、3门102毫米防空炮和8门20毫米防空炮。

英国"暴怒"号航空母舰（47）

制造商：阿姆斯特朗·惠特沃斯公司

服役时间：1917~1944年

航空母舰类型：轻型航空母舰

动力来源：4具蒸汽轮机

主要自卫武器：120毫米防空炮、40毫米防空炮等

舰载机数量：36架舰载机

基本参数	
满载排水量	23257吨
全长	239.8米
全宽	26.8米
吃水	7.6米
最高航速	31.5节

"暴怒"号航空母舰（HMS Furious 47）是英国海军在一战时期建造的，由"暴怒"号轻型巡洋舰改装而来。

1917年3月，英国海军时任海军总司令戴维·贝蒂下令将正在建造中的"暴怒"号轻型巡洋舰改建为航空母舰（该舰于1915年6月8日作为"勇敢"级轻型巡洋舰的三号舰开工，于1916年8月15日下水）。1917年6月26日，"暴怒"号航空母舰完成初次改装后开始服役，随后成功进行了世界上首次飞机在航行中的军舰上降落的尝试。1917年11月、1918年4月和1925年8月，该舰根据使用中出现的各种问题先后完成了三次改装，之后又陆续进行了多次现代化改装。

"暴怒"号航空母舰完成第三次改装后，拆除了中部的舰桥、桅杆以及烟囱等建筑，飞行跑道前后贯通，拥有了全通式飞行甲板，双层机库，上层机库前有个短距的飞行甲板，用于飞机直接从机库中起飞，但后来证明没有用处。1944年9月15日，由于英国新建的装甲航空母舰纷纷服役，"暴怒"号编入后备役，用作训练用途。

▲ "暴怒"号航空母舰

小知识

二战中，舰体老旧的"暴怒"号航空母舰被编入本土舰队，主要在大西洋上承担反潜任务，只参加了一些辅助性战斗。

英国"勇敢"号航空母舰（50）

制造商：阿姆斯特朗·惠特沃斯公司

服役时间：1916~1939年

航空母舰类型：轻型航空母舰

动力来源：4具蒸汽轮机

主要自卫武器：120毫米防空炮、40毫米防空炮等

舰载机数量：48架舰载机

基本参数

满载排水量	22920吨
全长	239.8米
全宽	27.6米
吃水	7.9米
最高航速	32节

"勇敢"号航空母舰（HMS Courageous 50）是英国海军勇敢级航空母舰的首舰，由"勇敢"号轻型巡洋舰改装而来。该舰于1915年3月28日动工建造，1916年2月5日下水，1916年11月4日作为巡洋舰服役。1924年2月，开始按照"暴怒"号航空母舰1922年6月~1925年8月期间的方案进行全面改装，并在改装工程中做了进一步调整，提升了航空母舰的使用性能。1928年2月，"勇敢"号作为航空母舰重新服役。

"勇敢"号航空母舰改装时参考了"暴怒"号航空母舰的改装方案，直接拆除了全部上层建筑，铺设了全通式的上层飞行甲板和倾斜下垂的下层战斗机起飞甲板。与"暴怒"号相同，"勇敢"号采用双层机库，上层机库前有一个短距的飞行甲板，用于飞机直接从机库中起飞，上层飞行甲板前方安装两台弹射器，中心线安装两部十字形升降机。与"暴怒"号不同的是，"勇敢"号在飞行甲板前部的右侧设置了一个烟囱与舰桥、桅杆合一的大型岛式上层建筑，飞行甲板也做了相应改进。

小 知 识

1939年9月17日，"勇敢"号航空母舰在爱尔兰外海执行反潜任务时遭德国潜艇U-29偷袭，左舷连中2枚鱼雷，在15分钟内沉没，舰上518人阵亡，这是英国在二战中损失的第一艘军舰。

英国"光荣"号航空母舰（77）

"光荣"号航空母舰（HMS Glorious 77）是英国海军勇敢级航空母舰的二号舰，由"光荣"号轻型巡洋舰改装而来。该舰于1915年5月1日动工建造，1916年4月20日下水，1917年1月作为巡洋舰服役。1924年2月，开始按照"暴怒"号航空母舰1922年6月~1925年8月期间的方案进行全面改装，并在改装工程中做了进一步调整，提升了航空母舰的使用性能。1930年3月，"光荣"号作为航空母舰重新服役。

1940年6月8日傍晚，"光荣"号航空母舰运载着英国空军的10架"斗士"战斗机、8架"飓风"战斗机和5架"剑鱼"攻击机自纳尔维克向本土撤退时，遭遇德国战列巡洋舰"沙恩霍斯特"号和"格奈森诺"号。由于"光荣"号的全部飞机均停放在机库内，来不及出动，因此遭到对手283毫米主炮的准确命中，在2小时内沉没，成为第一艘在交战中被舰炮击沉的航空母舰。

制造商：阿姆斯特朗·惠特沃斯公司
服役时间：1917~1940年
航空母舰类型：轻型航空母舰
动力来源：4具蒸汽轮机
主要自卫武器：120毫米防空炮、40毫米防空炮等
舰载机数量：48架舰载机

基本参数

满载排水量	22920吨
全长	239.8米
全宽	27.6米
吃水	7.9米
最高航速	32节

英国"鹰"号航空母舰（94）

"鹰"号航空母舰（HMS Eagle 94）是英国唯一一艘由战列舰改装的航空母舰，也是二战初期参战较多的航空母舰。"鹰"号原为英国给智利海军建造的"拉托雷海军上将"号战列舰，因一战中断工程，被英国海军购买，并改造为航空母舰。该舰于1913年2月20日动工建造，1918年6月8日下水，1924年2月20日正式服役。二战爆发时，"鹰"号正部署在新加坡，奉命紧急调往地中海，参与了对德国袭击舰"斯佩伯爵"号的搜索。1940年，"鹰"号被编入英国地中海舰队。1942年，"鹰"号加入H舰队。

"鹰"号航空母舰以战列舰的舰体进行改装，过重的战列舰级舷侧防护被取消，改为一条较薄的114毫米主装甲带，排水量比战列舰时代减少了7000吨（主要是炮塔和装甲的质量）。舰体布局上，全通式飞行甲板的前后各设有一部升降机，为了解决全通行飞行甲板烟道处理和舰桥机能的不足，首次在飞行甲板右侧安装了一个巨大的与双烟囱和三角桅杆合一的上层建筑，其中包括排烟道、驾驶室和导航台。

制造商：阿姆斯特朗·惠特沃斯公司
服役时间：1924~1942年
航空母舰类型：轻型航空母舰
动力来源：4具蒸汽轮机
主要自卫武器：152毫米舰炮、102毫米防空炮等
舰载机数量：30架舰载机

基本参数

满载排水量	26500吨
全长	203.5米
全宽	35.1米
吃水	8.1米
最高航速	24节

英国"皇家方舟"号航空母舰（91）

"皇家方舟"号航空母舰（HMS Ark Royal 91）是英国海军在二战前全新设计的航空母舰，开创了现代航空母舰的新纪元。新舰于1935年9月开工建造，1937年下水时命名为"皇家方舟"号，1938年完工服役。

为了能够提供最大面积的飞行甲板，"皇家方舟"号航空母舰采用了外伸式的飞行甲板，飞行甲板很长，延伸出舰艏和舰艉，扩大了飞行甲板面积。飞行甲板一分为二，前部为起飞用，后部为着舰用。"皇家方舟"号采用了向下弯曲的圆弧形飞行甲板，其中前段飞行甲板向下弯曲的弧度较大，后端飞行甲板向下弯曲的弧度较小，减少了飞行甲板的乱流，这一优点有利于舰载机着舰。舰体大量采用焊接工艺，以节省结构重量。

在二战中，"皇家方舟"号航空母舰立下了赫赫战功，最著名的战绩是在围歼德国"俾斯麦"号战列舰时击毁其方向舵，为英国舰队最后击沉该舰赢得了先机。1941年11月13日，"皇家方舟"号不幸被德国U-81潜艇击沉。

▲ "皇家方舟"号航空母舰及其搭载的"剑鱼"攻击机

制造商：凯莫尔·莱尔德造船厂

服役时间：1938~1941年

航空母舰类型：中型航空母舰

动力来源：3具蒸汽轮机

主要自卫武器：114毫米防空炮、40毫米防空炮等

舰载机数量：60架舰载机

基本参数

满载排水量	28160吨
全长	240米
全宽	28.9米
吃水	8.7米
最高航速	30节

小知识

"皇家方舟"号航空母舰的机库面积很大，拥有上下两层封闭式机库。机库设有通风条件较好的通风口，配备了优良的防火设施。机库内存放了大量武器弹药，以确保长时间作战。

英国"光辉"号航空母舰（87）

制造商：维克斯-阿姆斯特朗造船厂

服役时间：1940~1954年

航空母舰类型：中型航空母舰

动力来源：3具蒸汽轮机

主要自卫武器：114毫米防空炮、40毫米防空炮等

舰载机数量：54架舰载机

基本参数	
满载排水量	28919吨
全长	230米
全宽	29.18米
吃水	8.5米
最高航速	30.5节

"光辉"号航空母舰（HMS Illustrious 87）是英国海军光辉级航空母舰的首舰，1937年4月24日动工建造，1939年4月5日下水，1940年5月25日正式服役。

"光辉"号航空母舰与英国之前建造的"皇家方舟"号航空母舰有很大不同，英国海军认为其将在北海和地中海的岸基飞机的航程内作战，而英国的舰载机不具备陆上战斗机的优良性能，为抵御敌方轰炸机，英国海军决定为其尽可能地提供有效的保护，机库和飞行甲板都有装甲防护。

1940年8月，"光辉"号航空母舰加入英国海军地中海舰队。二战中参加了袭击意大利海军基地塔兰托，东印度群岛作战，进攻日本作战，多次受伤，1947年进入后备役，1948年重新服役作为训练航空母舰，1954年12月15日退役，1956年11月3日被出售并拆解。

▲ "光辉"号航空母舰

小 知 识

光辉级航空母舰是英国航空母舰发展史上承上启下的一级航空母舰，其沿袭了"竞技神"号、"皇家方舟"号等航空母舰上具有现代航空母舰特点的设计，开始成级建造，并以此为基础，继续改进建造了后续的怨仇级航空母舰，具有重要的意义。

英国"可畏"号航空母舰（67）

制造商：沃尔森德造船厂

服役时间：1940~1947年

航空母舰类型：中型航空母舰

动力来源：3具蒸汽轮机

主要自卫武器：114毫米防空炮、40毫米防空炮等

舰载机数量：54架舰载机

基本参数	
满载排水量	28919吨
全长	230米
全宽	29.18米
吃水	8.5米
最高航速	30.5节

"可畏"号航空母舰（HMS Formidable 67）是英国海军光辉级航空母舰的二号舰，1937年6月17日动工建造，1939年8月17日下水，1940年10月31日正式服役。

"可畏"号航空母舰先后搭载过的舰载机包括"剑鱼"攻击机、"贼鸥"战斗轰炸机、"管鼻燕"战斗机和"飓风"战斗机。该舰通常搭载36架舰载机，作战实践暴露了舰载机数量不足的缺点。与"皇家方舟"号航空母舰拥有双层两座机库不同，"可畏"号只有一层机库，后来改进了飞机的搭载方法，增加了飞机的搭载量，载机量达到54架。

1941年3月28日，在马塔潘角海战中，"可畏"号航空母舰的鱼雷轰炸机击伤了意大利战列舰"维内托"号。1941年5月26日，在克里特岛战役中，"可畏"号被德国俯冲轰炸机攻击，命中3颗炸弹而重伤。1945年在冲绳战役中，"可畏"号接替负伤的"光辉"号航空母舰参战，两天中连续遭到两架"神风"飞机自杀式撞击，但该舰很快恢复作战能力。

小知识

1947年8月12日，"可畏"号航空母舰永久退役，1953年1月被出售并拆解。

英国"胜利"号航空母舰（R38）

制造商：哈兰德与沃尔夫造船厂

服役时间：1941~1968年

航空母舰类型：中型航空母舰

动力来源：3具蒸汽轮机

主要自卫武器：114毫米防空炮、40毫米防空炮等

舰载机数量：54架舰载机

基本参数	
满载排水量	28919吨
全长	230米
全宽	29.18米
吃水	8.5米
最高航速	30.5节

"胜利"号航空母舰（HMS Victorious R38）是英国海军光辉级航空母舰的三号舰，1937年5月4日动工建造，1939年9月14日下水，1941年3月29日正式服役。

"胜利"号航空母舰与"皇家方舟"号航空母舰的舰型基本一致，沿用了高干舷，封闭式舰艏，舰桥、烟囱一体化的岛式上层建筑位于右舷，为了能够提供最大面积，采用了外伸式的飞行甲板，飞行甲板前部和后部各设有一部升降机。"胜利"号在1958年完成现代化改装后，还增加了斜角飞行甲板。

1941年5月，"胜利"号航空母舰参加围歼德国战列舰"俾斯麦"号的作战行动。1942年11月20日，"胜利"号租借给美国海军，在诺福克船厂进行改装。1943年2月~1943年8月期间，"胜利"号加入美国太平洋舰队在太平洋战区作战。1944年4月3日，"胜利"号参与"钨作战"，重创躲在挪威峡湾中的德国战列舰"提尔皮茨"号。二战末期，"胜利"号航空母舰加入英国太平洋舰队，编入第57特混舰队参加了进攻日本的作战。

小知识

二战后，"胜利"号航空母舰用作部队运输舰。1950年3月开始进行改装，1958年1月作为攻击航空母舰再次服役。1969年该舰售出，同年被拆解。

英国"不挠"号航空母舰（92）

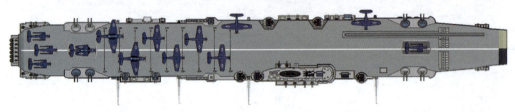

制造商：维克斯-阿姆斯特朗造船厂

服役时间：1941~1953年

航空母舰类型：中型航空母舰

动力来源：3具蒸汽轮机

主要自卫武器：114毫米防空炮、40毫米防空炮等

舰载机数量：54架舰载机

基本参数	
满载排水量	28919吨
全长	230米
全宽	29.18米
吃水	8.5米
最高航速	30.5节

　　"不挠"号航空母舰（HMS Indomitable 92）是英国海军光辉级航空母舰的四号舰，1937年11月10日动工建造，1940年3月26日下水，1941年8月26日正式服役。

　　"不挠"号航空母舰在建造过程中，对原设计做了改进，在原设计机库下面加了半层机库，削减了机库的侧壁装甲，并把机库高度从4.88米减到4.27米。该舰采用装甲飞行甲板，以抵御450千克炸弹的攻击。

　　1942年8月12日，"不挠"号航空母舰被炸弹击中，损坏严重，在诺福克修理了6个月。1943年7月16日，"不挠"号被鱼雷击中，舰体严重损坏，在美国用了8个半月的时间修理，修好后在太平洋服役。二战末期，"不挠"号加入英国太平洋舰队，编入第57特混舰队，参加了进攻日本的作战。

▲ "不挠"号航空母舰

小 知 识

　　二战后，"不挠"号被用作运输舰，1947~1950年期间进行了改装。

英国"独角兽"号航空母舰（I72）

制造商：哈兰德与沃尔夫造船厂
服役时间：1943~1946年、1949~1953年
航空母舰类型：轻型航空母舰
动力来源：2具蒸汽轮机
主要自卫武器：114毫米高平两用炮、40毫米防空炮等
舰载机数量：33架舰载机

"独角兽"号航空母舰（HMS Unicorn I72）是英国在二战中建造的，其设计深受"皇家方舟"号航空母舰的影响。该舰于1939年6月26日开工，1941年11月20日下水，1943年3月12日服役。

"独角兽"号航空母舰的最初设计是作为卓越级航空母舰的支援舰，其职责是将同行航空母舰破损的舰载机进行修复。由于要求修复的舰载机可以直接起飞，最终将其设计成一艘轻型舰队航空母舰和支援舰。该舰在某些方面和"皇家方舟"号航空母舰较为相似，尤其是高大的机库。为了加快进度，"独角兽"号在完工时甚至没有配备维修设备。该舰可以搭载33架舰载机，曾搭载的机型包括"飓风"战斗机、"剑鱼"攻击机、"喷火"战斗机和F4F"野猫"战斗机等。

二战期间，"独角兽"号航空母舰先后被派往大西洋、地中海、太平洋作战。1946年1月，"独角兽"号退役封存。1949年，该舰重新服役，作为远东地区的飞机运输舰，主要用于运输、维修和保障。1953年11月17日，"独角兽"号再次退役。1959年，该舰被卖出，最终于1960年被拆解。

基本参数

满载排水量	20600吨
全长	195.1米
全宽	27.5米
吃水	7米
最高航速	24节

▲ "独角兽"号航空母舰

小知识

"独角兽"号航空母舰的自卫武器为4座双联装114毫米高平两用炮、4座四联装40毫米防空炮、2座双联装20毫米厄利空防空炮和8门20毫米单装厄利空防空炮。

英国"怨仇"号航空母舰（R86）

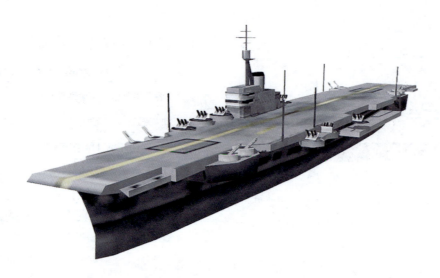

制造商：费尔菲尔德造船厂

服役时间：1944~1954年

航空母舰类型：中型航空母舰

动力来源：4具蒸汽轮机

主要自卫武器：114毫米舰炮、40毫米防空炮等

舰载机数量：81架舰载机

基本参数

满载排水量	32630吨
全长	233.6米
全宽	29.2米
吃水	8.9米
最高航速	32.5节

　　"怨仇"号航空母舰（HMS Implacable R86）是英国海军怨仇级航空母舰的首舰，1939年2月21日开工，1942年12月10日下水，1944年8月28日服役，1954年9月1日退役，1955年被出售并拆解。

　　"怨仇"号航空母舰及其姊妹舰"不倦"号航空母舰均是光辉级航空母舰的第二期改进型，"怨仇"号在"光辉"号航空母舰开工30个月后动工建造，一开始就预定部署于太平洋。"怨仇"号在光辉级航空母舰的基础上做了较大的改进，第二层机库加长，增加了装甲。但与光辉级航空母舰一样，"怨仇"号的机库高度不足，无法使用体积更大的喷气式飞机，如果进行现代化改装，成本又过于高昂，这也是"怨仇"号和"不倦"号服役时间不长的原因。

▲ "怨仇"号航空母舰

小 知 识

　　1944年，"怨仇"号航空母舰竣工时，欧洲战事尚未结束，"怨仇"号被分配到英国本土舰队，主要活动是攻击挪威境内的目标和德国海军"提尔皮茨"号战列舰。之后，"怨仇"号参加了英国太平洋舰队的战斗。

英国"不倦"号航空母舰（R10）

制造商：	克莱德班克造船厂
服役时间：	1944~1954年
航空母舰类型：	中型航空母舰
动力来源：	4具蒸汽轮机
主要自卫武器：	114毫米舰炮、40毫米防空炮等
舰载机数量：	81架舰载机

基本参数

满载排水量	32630吨
全长	233.6米
全宽	29.2米
吃水	8.9米
最高航速	32.5节

"不倦"号航空母舰（HMS Indefatigable R10）是英国海军怨仇级航空母舰的二号舰，1939年11月3日开工，1942年12月8日下水，1944年5月3日服役，1954年9月1日退役，1956年被出售并拆解。

"不倦"号航空母舰拥有封闭式舰艏和全通式飞行甲板，整体舰岛将烟囱包含在内。动力装置为4具帕森斯蒸汽轮机，搭配8台海军部式重油锅炉，推进功率为110000千瓦。以10节速度航行时，怨仇级航空母舰的续航距离为12000海里。

"不倦"号航空母舰的自卫武器为8座双联装114毫米舰炮、5座八联装2磅防空炮、1座四联装2磅防空炮、4门40毫米博福斯防空炮和55门20毫米厄利空防空炮。该舰最多可以搭载81架舰载机，主要机型包括"海喷火"战斗机（或F6F"地狱猫"战斗机）和TBM"复仇者"鱼雷攻击机。

小 知 识

"不倦"号航空母舰的电子设备包括79B型对空雷达，281B型对空雷达，293型寻的雷达，272M型寻的雷达，265型对空雷达。

法国"贝阿恩"号航空母舰

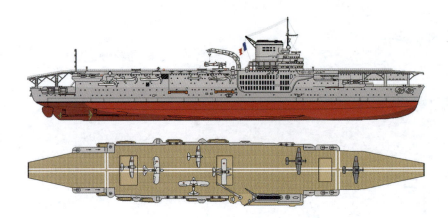

制造商：	新地中海铸造与建设公司
服役时间：	1927~1966年
航空母舰类型：	中型航空母舰
动力来源：	2具蒸汽轮机
主要自卫武器：	155毫米舰炮、75毫米防空炮等
舰载机数量：	40架舰载机

基本参数

满载排水量	28400吨
全长	182.6米
全宽	35.2米
吃水	9.3米
最高航速	21.5节

"贝阿恩"（Béarn）号航空母舰是法国建造的第一艘航空母舰，1920年4月15日下水，1927年5月27日正式服役。

"贝阿恩"号航空母舰原为诺曼底级战列舰五号舰，于1914年1月10日动工建造，但因为一战爆发，导致诺曼底级建造进度延缓，乃至完全停工。一战胜利后，军方决定拆毁尚未完成的诺曼底级。但为了开发航空母舰相关技术，军方决定留下完成度最低的五号舰"贝阿恩"号改装成法国第一艘航空母舰，作为航空母舰与海军航空队技术开发的平台。

20世纪40年代，"贝阿恩"号航空母舰奉命将法国储备的黄金从本土运往美洲大陆。当法国在1940年6月投降后，"贝阿恩"号无法返航，只能长期靠泊在马丁尼克岛，之后于1943年加入自由法国部队。然而，该舰直到1944~1945年3月间于美国整修后，才短暂地恢复渡运任务。二战后，"贝阿恩"号短暂为法国军方提供运输任务。1966年11月，"贝阿恩"号永久退役。1967年，该舰于意大利热那亚报废拆解。

▲ "贝阿恩"号航空母舰

小知识

虽然"贝阿恩"号航空母舰上的舰载机从来没有执行过作战任务，但该舰在当时成为世界上寿命最长的航空母舰，同时是世界上唯一一艘安然度过二战并幸存至20世纪60年代的第一代航空母舰。

德国"齐柏林伯爵"号航空母舰

制造商：德意志造船厂
服役时间：从未服役
航空母舰类型：大型航空母舰
动力来源：4具蒸汽轮机
主要自卫武器：150毫米舰炮、105毫米防空炮等
舰载机数量：50架舰载机

"齐柏林伯爵"（Graf Zeppelin）号航空母舰是德国海军在二战期间所建造的航空母舰，为齐柏林伯爵级的首舰，也是历史上德国唯一下水过的一艘航空母舰。1936年12月28日在德意志造船厂安放龙骨起造的"齐柏林伯爵"号是德国海军在二战时充满野心的"Z计划"的一部分，根据当时德国海军元帅埃里希·雷德尔的规划，除了代号"A航舰"的"齐柏林伯爵"号外，原本它还有一艘姊妹舰"B航舰"，后者在建造中途停工报废，从未实际下水，原本预计使用的"彼得·施特拉塞"舰名也从未正式启用。

由于德国海军从来没有建造航空母舰的经验，故在实际进行新航空母舰的设计前曾经参考各国航空母舰的公开资料。"齐柏林伯爵"号航空母舰在设计之初就计划搭载尚在研制中、1935年才首飞的Bf-109、Ju-87的可折叠机翼舰载版Bf-109E、Ju-87C。为了搭载这些较大、较重的飞机，"齐柏林伯爵"号采用了双层机库、单层全通飞行甲板加2具蒸汽弹射器和3部升降机的设计，并在右舷布置较大的舰岛。

由于在二战中期之后德国海军在海上的行动接连受挫，再加上当时的德国已无力支撑高昂的海军经费，1943年2月2日希特勒下令取消所有德国战列舰、巡洋舰与航空母舰的建造工作。"齐柏林伯爵"号航空母舰被送往奥德河河口的斯特丁准备拆除。1945年4月底，眼见苏军即将逼近斯特丁，德军主动将"齐柏林伯爵"号凿沉以免落入敌手，但占领该地后的苏联却在1946年时将沉船打捞上来，将其作为苏联舰艇与战机的靶船。

基本参数

满载排水量	34088吨
全长	262.5米
全宽	36.2米
吃水	8.5米
最高航速	33.8节

小知识

2006年7月12日，一艘隶属于波罗的海石油公司的船只在韦巴港附近发现一艘长265米的沉船，正好与失踪的"齐柏林伯爵"号航空母舰的长度相符。7月26日，波兰海军"阿克托夫斯基"号调查船对沉船进行穿凿调查以确定其身份，并在隔日由波兰海军宣布，沉没在87米深海底的沉船，声呐扫描图像证实，正是行踪成谜多年的"齐柏林伯爵"号。

▲ "齐柏林伯爵"号航空母舰

日本"凤翔"号航空母舰

制造商	横须贺海军工厂
服役时间	1922~1946年
航空母舰类型	轻型航空母舰
动力来源	2具蒸汽轮机
主要自卫武器	140毫米舰炮、13毫米机枪等
舰载机数量	21架舰载机

"凤翔"（Hōshō）号航空母舰是日本于1919年开始建造的航空母舰，一般被认为是世界上第一艘完工服役的专门设计的航空母舰。

一战后，日本开始加强海军建设。当获悉英国正在建造真正意义上的航空母舰的消息后，日本马上意识到建造世界上第一艘航空母舰对于确立其海军在世界上的地位的重要意义。就在英国"竞技神"号航空母舰开工两年多后的1919年12月，日本也开始建造命名为"凤翔"号的航空母舰。为了赶在英国"竞技神"号之前完成，日本船厂夜以继日地施工。1922年12月27日，"凤翔"号航空母舰在横须贺海军造船厂竣工，成为世界上第一艘真正的航空母舰。

由于是日本第一艘航空母舰，"凤翔"号的许多设计都有试验性风格。它打破了第一代航空母舰的"平原型"结构，一个小型岛式舰桥被设置在全通式飞行甲板的右舷。3个烟囱可向外侧倾倒，以免影响飞机起降作业。飞行甲板起飞段向下倾斜15度，以便飞机取得更高的加速度。舰内有前后2个机库，2部升降机沿飞行甲板中线布置。由于"凤翔"号的飞行甲板比较狭窄，岛式建筑在起降时显得非常碍事。为了保证舰载机的安全起降，日本于1924年又拆除了岛式建筑。在太平洋战争爆发前，"凤翔"号进行了现代化改装，为搭载新式战机，延长了飞行甲板。中途岛海战后又再度延长以及加宽飞行甲板，由于飞行甲板过度延长，导致第二次大改装后的"凤翔"号耐波性不佳。

基本参数

满载排水量	10500吨
全长	168.25米
全宽	17.98米
吃水	6.17米
最高航速	25节

▲ "凤翔"号航空母舰

小知识

在二战中，"凤翔"号航空母舰没有取得多少战果，多数时候作为训练用舰。1945年日本战败投降后，"凤翔"号是日本唯一没有受损的航空母舰，曾作为运输舰运送海外日侨。

日本"赤城"号航空母舰

"赤城"（Akagi）号航空母舰是日本在二战中以战列巡洋舰改装而来的航空母舰。根据1919年日本拟订的"八八舰队"计划，"赤城"号于1920年12月6日作为战列巡洋舰在吴海军船厂开工建造，属于天城级战列巡洋舰的二号舰。1922年《华盛顿海军条约》签订时，该舰虽已完成舰体工程，但仍因已超过日本所允许的保有量而必须拆解。1922年11月9日，日本决定将停建的"赤城"号改造成航空母舰。该舰于1925年4月2日下水，1927年3月27日竣工，编入横须贺镇守府服役。

"赤城"号航空母舰由于在改造时已事先完成舰体的建造工程，导致只能以原先战列巡洋舰的舰体为基础搭建其他航空母舰的必备结构。该舰采用三段飞行甲板设计，甲板呈阶梯状分为三层，上层是起降两用甲板，而其前端下方是横跨舰体两舷的舰桥。中下两层与双层机库相接可供飞机直接起飞，中层甲板供小型飞机起飞，下甲板层常供大型飞机起飞，但因中层飞行甲板的机库门口前方两侧各有一座炮台，不利于舰载机的起飞，最后将其封起来而未作为舰载机起飞使用。为了消除烟囱排烟对飞机降落造成的不良影响，横卧式烟囱向下弯曲伸向舷外。由于舰载机发展迅速，20世纪20年代航空母舰的设计逐渐无法满足操作要求，因此"赤城"号从1935年开始进行了为期3年的现代化改装，取消了不实用的中下两层飞行甲板，并将其改为机库，使得标准载机量增至66架。上层飞行甲板改为全通式，一直延伸至舰艏用立柱支撑。此外，舰桥也改成了岛式。

二战爆发后，"赤城"号航空母舰出任第一机动部队的旗舰，由南云忠一中将坐镇指挥。在珍珠港事件中，"赤城"号搭载的航空战队创下击沉5艘战列舰的纪录。之后，"赤城"号作为日本第1航空战队旗舰，先后参与拉包尔空袭、达尔文港空袭、印度洋海战，最后在中途岛海战中被击沉。

制造商：吴海军工厂

服役时间：1927~1942年

航空母舰类型：大型航空母舰

动力来源：4具舰本式蒸汽轮机

主要自卫武器：200毫米舰炮、120毫米防空炮等

舰载机数量：66架舰载机

基本参数

满载排水量	42000吨
全长	260.67米
全宽	31.32米
吃水	8.71米
最高航速	31.5节

小 知 识

"赤城"号航空母舰通常搭载66架舰载机，包括21架"零"式战斗机、18架九九式轰炸机和27架九七式攻击机。

日本"加贺"号航空母舰

"加贺"(Kaga)号航空母舰是日本在二战中以战列巡洋舰改装而来的航空母舰,1928年3月31日完工,编入横须贺镇守府服役。1934年6月~1935年10月,"加贺"号也进行了与"赤城"号航空母舰相似的现代化改装。

"加贺"号航空母舰的布局形式与"赤城"号航空母舰相似,也采用三段式三层飞行甲板。与"赤城"号不同的是,"加贺"号的横卧式烟囱延伸到舰艉附近。因"赤城"号的改造经验认为设在右舷的烟囱排烟会影响舰载机的起降,故"加贺"号在左右两舷装设巨大排烟管,试图将烟引至舰尾排放,但却引发甲板与住舱邻近区域的高热问题,同时引导到舰艉的废气仍然会干扰降落作业,因此这项设计是失败的。

在20世纪30年代的现代化改装中,"加贺"号航空母舰的横卧式烟囱改成直接伸向舷外往海面大幅弯曲的样式,取消了不实用的中下两层飞行甲板,改装了全通式飞行甲板,飞行甲板延伸至舰艏用立柱支撑。在飞行甲板前方预留了弹射器装设空间,但直到"加贺"号被击沉时日本的弹射器仍未研发完成。岛式舰桥设在舰体右舷,以便与"赤城"号(岛式舰桥设在舰体左舷)编队并行时不会影响各自的舰载机起降。"加贺"号最多可以搭载90架舰载机,包括72架常用舰载机和18架备用舰载机,具体机型为"零"式舰载战斗机、九七式舰载攻击机和九九式舰载轰炸机。

▲ "加贺"号航空母舰

制造商:川崎造船厂

服役时间:1928~1942年

航空母舰类型:大型航空母舰

动力来源:4具柯蒂斯-布朗式蒸汽轮机

主要自卫武器:200毫米舰炮、127毫米防空炮等

舰载机数量:90架舰载机

基本参数	
满载排水量	43600吨
全长	247.65米
全宽	32.5米
吃水	9.48米
最高航速	28节

小 知 识

在珍珠港事件中,"加贺"号航空母舰上的舰载机进行了两波攻击,共损失15架。之后,"加贺"号曾参加拉包尔、卡维恩和达尔文港等地的空袭行动,最后在中途岛海战中被击沉。

日本"龙骧"号航空母舰

制造商：	横须贺海军工厂
服役时间：	1933~1942年
航空母舰类型：	轻型航空母舰
动力来源：	2具蒸汽轮机
主要自卫武器：	127毫米防空炮、25毫米防空炮等
舰载机数量：	48架舰载机

基本参数	
满载排水量	10150吨
全长	179.9米
全宽	20.32米
吃水	5.56米
最高航速	29节

"龙骧"(Ryūjō)号航空母舰是日本在二战前建造的航空母舰,采用青叶级重型巡洋舰的船体设计改造而来。该舰于1929年11月26日动工建造,1931年4月2日下水,1933年5月9日服役。1942年8月24日东所罗门海战中,"龙骧"号航空母舰被美军舰载机击沉。

由于大幅改动舰体结构设计且削弱动力,"龙骧"号航空母舰从服役起就有着重心偏高、干舷低、船体复原性差以及续航能力差等缺点。尽管"龙骧"号在船底装设了和"凤翔"号航空母舰相同的美国斯佩里公司生产的陀螺仪,且增装可动式稳定鳍,但是船体设计沿用重型巡洋舰的高比例修长舰体,让"龙骧"号船体稳定性及复原性都劣于吨位更小的"凤翔"号航空母舰。日本海军的操作经验证明:在浪高3~4米的海浪下,"龙骧"号的飞行甲板就无法实施作业。

为了配平重心,除了强化龙骨结构、部分增添配平纺锤外,"龙骧"号航空母舰的烟囱也只好放在较低的位置并朝下排放,避免排烟干扰飞行甲板运作,但又因此让海水容易灌入烟囱,影响到锅炉效率,形成舰体设计的恶性循环。

小 知 识

"龙骧"号航空母舰的外形成为以后日本轻型航空母舰的典范:全通式飞行甲板、无舰岛、露天式舰艏甲板,汲取了"凤翔"号航空母舰的左右分散式舰桥的教训,舰桥安置于飞行甲板前端正下方。

日本"苍龙"号航空母舰

制造商:吴海军工厂

服役时间:1937~1942年

航空母舰类型:轻型航空母舰

动力来源:4具舰本式蒸汽轮机

主要自卫武器:127毫米防空炮、25毫米防空炮等

舰载机数量:63架舰载机

基本参数	
满载排水量	19100吨
全长	227.5米
全宽	21.3米
吃水	7.6米
最高航速	34节

"苍龙"(Sōryū)号是日本在二战中建造的航空母舰,1934年11月20日动工建造,1935年12月23日下水,1937年12月29日正式服役,隶属日本联合舰队第2航空战队。

有别于"赤城"号航空母舰与"加贺"号航空母舰为巡洋舰改装,"苍龙"号航空母舰最早的设计是"航空战舰",是为了在《华盛顿海军条约》之下仍然拥有一定的海上制空权,后来却发现同时要搭载大量的飞机与大炮是行不通的,而转为专职的航空母舰。日本总结"赤城"号与"加贺"号的改装经验,将更成熟的技术运用于"苍龙"号的建造。

"苍龙"号航空母舰的飞行甲板为全通式设计,并有大容量的双层机库,而右舷的岛式舰桥也成为以后日本航空母舰的舰桥设计模仿对象。"苍龙"号可以搭载63架舰载机(包括9架备用机),包括21架"零"式舰载战斗机、21架九九式舰载轰炸机、21架九七式舰载攻击机。"苍龙"号的缺点是装甲较薄,这也是它最终被炸弹击沉的原因之一。

▲ "苍龙"号航空母舰

小知识

1942年6月5日中途岛海战中,"苍龙"号航空母舰遭到美国海军航空队的俯冲轰炸机攻击,命中3发炸弹之后起火燃烧,随后爆炸沉没。

日本"飞龙"号航空母舰

制造商：横须贺海军工厂
服役时间：1939~1942年
航空母舰类型：轻型航空母舰
动力来源：4具舰本式蒸汽轮机
主要自卫武器：127毫米防空炮、25毫米防空炮等
舰载机数量：64架舰载机

"飞龙"（Hiryū）号航空母舰是20世纪30年代日本在第二次船舰补充计划中建造的航空母舰，1936年7月8日动工建造，1937年11月16日下水，1939年7月5日正式服役，之后与"苍龙"号航空母舰一起编入日本联合舰队第2航空战队。该舰参加了珍珠港、南太平洋和印度洋的战斗，最终在1942年6月中途岛海战中被击沉。

"飞龙"号航空母舰原计划作为苍龙级航空母舰的二号舰，采用与"苍龙"号航空母舰相同的设计，不过在有了"加贺"号航空母舰的改装经验与"苍龙"号的施工经验之后，"飞龙"号的设计被大幅更改。完工时的"飞龙"号与"苍龙"号的舰型相差甚远，于是便独立成为飞龙级航空母舰。与"苍龙"号比，"飞龙"号进一步加强了舰体结构强度，大大提高了舰艏干舷。另外，由于改进了装甲防护，"飞龙"号舰体更宽，排水量更大。有别于"苍龙"号的双船舵设计，"飞龙"号改成了单船舵。在外观上，"飞龙"号的突出变化是岛式上层建筑改到了左舷（"苍龙"号为右舷）。

"飞龙"号航空母舰最多可以携带64架舰载机（包括9架备用机），一般情况下携带57架舰载机，包括21架"零"式舰载战斗机、18架九九式舰载轰炸机和18架九七式舰载攻击机。该舰的自卫武器为6座双联装127毫米40倍口径防空炮、5座双联装25毫米防空炮和7座三联装25毫米防空炮。

基本参数	
满载排水量	20570吨
全长	227.4米
全宽	22.3米
吃水	7.8米
最高航速	34节

▲ "飞龙"号航空母舰

小知识

"飞龙"号航空母舰的动力装置为4具舰本式蒸汽轮机，搭配8台舰本式重油锅炉，推进功率为114000千瓦。以18节速度航行时，"飞龙"号的续航距离为10330海里。

日本"祥凤"号航空母舰

制造商：横须贺海军工厂
服役时间：1939~1942年
航空母舰类型：轻型航空母舰
动力来源：2具舰本式蒸汽轮机
主要自卫武器：127毫米防空炮、25毫米防空炮等
舰载机数量：28架舰载机

基本参数	
满载排水量	14054吨
全长	205.5米
全宽	18.2米
吃水	6.6米
最高航速	28节

"祥凤"（Shōhō）号航空母舰是日本在二战时期建造的航空母舰，1934年12月3日动工建造，1935年6月1日下水，1939年1月15日作为潜水母舰服役，1942年1月26日作为航空母舰服役。

"祥凤"号航空母舰的前身为剑崎级潜水母舰首舰"剑崎"号，服役后编入日本海军横须贺镇守府。1940年11月15日，改为横须贺镇守府的第四预备舰，准备进行改造成航空母舰的工序，并于1941年12月22日改造完成，定名"祥凤"号。1942年1月26日，编入第4航空战队。同年2月4日驶出横须贺港，前往加罗林群岛中的特鲁克环礁输送舰载机，又于3月7日驶往新不列颠岛拉包尔运送舰载机。4月18日，为迎击美军机动部队，又驶出横须贺港，同月30日归入从特鲁克环礁启航进攻莫尔兹比港的攻略部队。

1942年5月7日，"祥凤"号航空母舰参加珊瑚海海战，因侦察机失误，未能发现美军航空母舰"列克星敦"号及"约克城"号，于11时20分被炸弹及鱼雷击中而损坏了操舵装置，只能直线前进。随后又有13颗炸弹及7发鱼雷命中了"祥凤"号，导致其于11时35分沉没。

小 知 识

潜艇母舰主要作为潜艇的指挥舰，并担负补给和维修任务，还可作为潜艇水兵在海上休息的军舰。

日本"瑞凤"号航空母舰

制造商：横须贺海军工厂

服役时间：1940~1944年

航空母舰类型：轻型航空母舰

动力来源：2具舰本式蒸汽轮机

主要自卫武器：127毫米防空炮、25毫米防空炮等

舰载机数量：30架舰载机

"瑞凤"（Zuihō）号航空母舰是日本瑞凤级航空母舰的首舰，最初是作为燃料补给舰而设计的，前身为"高崎"号燃料补给舰，后来在《华盛顿海军条约》期限过后改装为航空母舰。该舰于1935年6月20日动工建造，1936年6月19日下水，1940年12月27日正式服役。

1942年6月，"瑞凤"号航空母舰被编入中途岛攻略部队，作为护卫舰保护舰队安全抵达中途岛，参加中途岛登陆作战。但是由于南云机动部队惨遭美军打击，4艘正规航空母舰全军覆没，而登陆中途岛的作战也就随之烟消云散，"瑞凤"号只得回到本土。1942年，"瑞凤"号参加了瓜岛圣克鲁斯海战，遭到美军SBD"无畏"俯冲轰炸机轰炸，造成严重的破坏，导致"瑞凤"号的飞行甲板丧失起降飞机的能力。随后，"瑞凤"号退出战斗地区。1943年1月修理完成的"瑞凤"号参加了瓜岛撤退作战。2月，"瑞凤"号向韦瓦克和卡比延派送飞机。之后到1944年，"瑞凤"号一直在本土、特鲁克、关岛等地巡逻，直到马里亚纳海战时才有机会再度上阵。

1944年7月，"瑞凤"号航空母舰被编到新成立的第3舰队第1航空战队，并前往西南太平洋执行小笠原群岛船团护卫任务。同年10月25日参加莱特湾海战，在战役中与"千代田"号航空母舰、"千岁"号航空母舰、"瑞鹤"号航空母舰一起作为诱饵，引诱美军机动部队离开雷伊太前线，使得栗田健男中将有机会率领水上部队，冲进雷伊太湾歼灭登陆敌军。下午3点27分，"瑞凤"号在受到82发炮弹、鱼雷2枚以及炸弹4枚的攻击后沉没。

基本参数

满载排水量	13950吨
全长	205.5米
全宽	18.2米
吃水	6.6米
最高航速	28节

小 知 识

"瑞凤"号航空母舰通常搭载18架舰载战斗机、9架舰载攻击机和3架备用战斗机。

日本"龙凤"号航空母舰

制造商：横须贺海军工厂

服役时间：1934~1945年

航空母舰类型：轻型航空母舰

动力来源：2具舰本式蒸汽轮机

主要自卫武器：127毫米防空炮、25毫米防空炮等

舰载机数量：30架舰载机

基本参数	
满载排水量	13950吨
全长	205.5米
全宽	18.2米
吃水	6.6米
最高航速	28节

"龙凤"（Ryūhō）号航空母舰是日本瑞凤级航空母舰的二号舰，前身为"大鲸"号潜水母舰。该舰于1933年4月12日动工建造，1933年11月16日下水，1934年3月31日作为潜水母舰服役，1941年12月20日开始改装工程，1942年11月30日作为航空母舰服役。

"龙凤"号航空母舰服役后被编入第3舰队，虽然1942年底的日本海军航空母舰兵力已经因中途岛海战重创，但"龙凤"号并没有因此受到重视，主因是它的航速不足，难以作为一线主力使用。加上当时海军飞行员也尚待整训，"龙凤"号服役初期主要作为运输舰与训练舰使用。1942年12月12日，"龙凤"号遭到美国海军"鼓鱼"号潜艇袭击，虽然未造成致命伤，但已无法继续派遣任务，不得不返回横须贺港修理。1943年3月19日，修复完成的"龙凤"号担任训练舰，同年6月上旬编入第2航空战队。

1944年5月，"龙凤"号航空母舰参加马里亚纳海战，派出了两批舰载机空袭美国舰队，但几乎一去不回。1945年3月19日，"龙凤"号在吴港受到第58特遣舰队空袭，受损极为严重，无法进行修复。1945年4月20日，"龙凤"号改列第四预备舰状态，虽然仍然系泊于吴港江田岛海域，但大部分的乘组员已经下船务农。1945年11月30日，"龙凤"号除籍。

小知识

1946年4月2日，"龙凤"号航空母舰在吴海军工厂实施解体工程，同年9月25日完成拆解。

日本"千岁"号航空母舰

制造商：佐世保海军工厂

服役时间：1938~1944年

航空母舰类型：轻型航空母舰

动力来源：2具舰本式蒸汽轮机

主要自卫武器：127毫米防空炮、25毫米防空炮等

舰载机数量：30架舰载机

基本参数	
满载排水量	13600吨
全长	192.5米
全宽	21.5米
吃水	7.5米
最高航速	29.4节

"千岁"（Chitose）号航空母舰是日本千岁级航空母舰的首舰，1934年11月26日动工建造，1936年11月29日下水，1938年7月25日作为水上飞机母舰服役，1943年1月26日在佐世保海军工厂开始航空母舰改装工程，1943年12月15日作为航空母舰服役。

由于受到《伦敦海军裁军条约》对航空母舰拥有数的限制，因此"千岁"号航空母舰最初是作为水上飞机母舰兼高速油料补给舰设计和建造的，但已经打算在日后改装成航空母舰。由于"千岁"号在中途岛海战之后才着手改装成航空母舰，所以它的活跃时间较短。1944年6月，"千岁"号与僚舰"千代田"号航空母舰共同参加马里亚纳海战。同年10月25日莱特湾海战中，"千岁"号与"千代田"号因共同受到美国海军舰载机的猛烈攻击，最后于恩加尼奥角战沉。

小知识

马里亚纳海战是历史上规模最大的航空母舰决战，发生在马里亚纳群岛附近，也被称为菲律宾海海战。由于战斗中日军飞机被美军战斗机轻易击落，被美国人戏称为"马里亚纳猎火鸡大赛"。

日本"千代田"号航空母舰

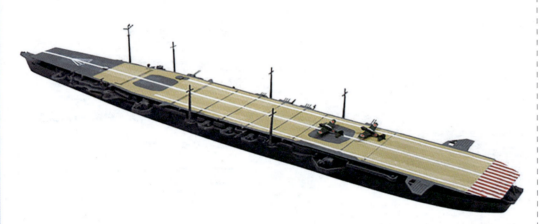

制造商：横须贺海军工厂

服役时间：1938~1944年

航空母舰类型：轻型航空母舰

动力来源：2具舰本式蒸汽轮机

主要自卫武器：127毫米防空炮、25毫米防空炮等

舰载机数量：30架舰载机

基本参数	
满载排水量	13600吨
全长	192.5米
全宽	21.5米
吃水	7.5米
最高航速	29.4节

"千代田"（Chiyoda）号航空母舰是日本千岁级航空母舰的二号舰，1936年12月14日动工建造，1937年11月19日下水，1938年12月15日作为水上飞机母舰服役，1943年2月1日在横须贺海军工厂开始航空母舰改装工程，1943年12月15日作为航空母舰服役。

"千代田"号在改装成航空母舰后加入小泽治三郎中将指挥的第一机动舰队，1944年6月参加了马里亚纳海战，当时"千代田"号上载有21架"零"式战斗机（部分作为俯冲轰炸机使用）和9架"天山"舰载攻击机。6月19日，"千代田"号、"千岁"号和"瑞凤"号共派出64架飞机空袭美国舰队，但却被击落41架。美军战机发起反攻后，"千代田"号舰艉中弹，被迫撤退。之后，"千代田"号参加了莱特湾海战，当时舰上有11架"零"式战斗机和7架"天山"攻击机。1944年10月25日，"千代田"号被美军舰载机炸伤，以致不能航行，之后被美国海军4艘巡洋舰和12艘驱逐舰围攻沉没，成为唯一被水面军舰击沉的日本航空母舰。

小知识

莱特湾海战是发生在二战中太平洋战场上菲律宾莱特岛附近的一次海战。以两军投入战场的军舰总吨位而言，莱特湾海战堪称是历史上最大的海战，也是最后一次航空母舰对战，彻底摧毁了日本的航空母舰力量。

日本"翔鹤"号航空母舰

制造商：横须贺海军工厂
服役时间：1941~1944年
航空母舰类型：大型航空母舰
动力来源：4具舰本式蒸汽轮机
主要自卫武器：127毫米舰炮、25毫米舰炮等
舰载机数量：84架舰载机

基本参数	
满载排水量	32105吨
全长	257.5米
全宽	29米
吃水	9.32米
最高航速	34.5节

"翔鹤"（Shōkaku）号航空母舰是日本翔鹤级航空母舰的首舰，1937年12月12日在横须贺海军工厂动工建造，1939年6月1日下水，1941年8月8日竣工，编入吴镇守府籍。1944年6月19日，"翔鹤"号被美军击沉。

"翔鹤"号航空母舰可以看作"飞龙"号航空母舰的扩大改进型，加装了防护装甲，具有很高的干舷。该舰飞行甲板长242米，设双层机库，3部升降机，配备2组拦阻索，分别位于舰艏与舰艉，舰上没有装备弹射器。舰体右舷中部设有向下弯曲的横卧式烟囱，极具日本特色。由于之前将岛式舰桥置于航空母舰舰体左舷的设计并不实用，"翔鹤"号的岛式舰桥改在舰体右舷。

"翔鹤"号航空母舰通常搭载72架常用舰载机和12架备用舰载机，包括20架"零"式舰载战斗机（18架常用，2架备用）、32架九七式舰载攻击机（27架常用，5架备用）和32架九九式舰载轰炸机（27架常用，5架备用）。

▲ "翔鹤"号航空母舰

小 知 识

1941年，两艘翔鹤级航空母舰编入第5航空战队，首次作战任务是参加偷袭珍珠港，其所属的俯冲轰炸机群成功压制了欧胡岛的机场，之后随日本航空舰队向西扫荡南太平洋至印度洋海域。

日本"瑞鹤"号航空母舰

制造商:神户造船厂

服役时间:1941~1944年

航空母舰类型:大型航空母舰

动力来源:4具舰本式蒸汽轮机

主要自卫武器:127毫米舰炮、25毫米舰炮等

舰载机数量:84架舰载机

基本参数	
满载排水量	32105吨
全长	257.5米
全宽	29米
吃水	9.32米
最高航速	34.5节

"瑞鹤"(Zuikaku)号航空母舰是日本翔鹤级航空母舰的二号舰,1938年5月25日在川崎重工神户造船厂动工建造,1939年11月27日下水,1941年9月25日开始服役。1944年10月25日,"瑞鹤"号被美军击沉。

"瑞鹤"号航空母舰采用球鼻艏,水线下舰艏向两侧略微凸起,从正面看形似水滴。舰艉中心线上布置了主副两部半平衡舵,副舵在前,主舵在后。该舰的自卫武器为8座双联装八九式127毫米舰炮和12座三联装九六式25毫米舰炮(战争中增加到20座三联装九六式25毫米舰炮和36门25毫米单装舰炮)。

"瑞鹤"号航空母舰的动力装置为4具舰本式蒸汽轮机,搭配8台舰本式重油专烧锅炉,推进功率达120000千瓦。以18节速度航行时,翔鹤级航空母舰的续航距离为9700海里。

▲ "瑞鹤"号航空母舰

小知识

1942年5月8日珊瑚海海战中,"翔鹤"号航空母舰和"瑞鹤"号航空母舰共同起飞舰载机,击沉了美国海军"列克星敦"号航空母舰,并重创"约克城"号航空母舰。

日本"飞鹰"号航空母舰

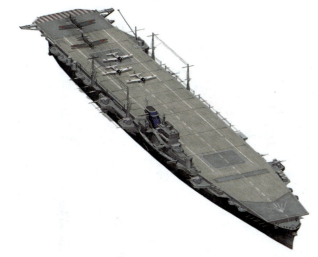

制造商：神户造船厂

服役时间：1942~1944年

航空母舰类型：中型航空母舰

动力来源：2具蒸汽轮机

主要自卫武器：127毫米舰炮、25毫米防空炮等

舰载机数量：53架舰载机

基本参数	
满载排水量	27500吨
全长	219.32米
全宽	26.7米
吃水	8.15米
最高航速	25.5节

"飞鹰"（Hiyō）号航空母舰是日本飞鹰级航空母舰的首舰，1939年11月30日动工建造，1941年6月24日下水，1942年7月31日服役。

一战之后，日本海军航空母舰吨位被限制为英国和美国的60%，因而产生了征招民间舰船的想法，并设立了奖励制度，鼓励民间造船业者在造舰时就加入可改造成军舰的设计。"飞鹰"号原为邮轮"出云丸"号，1939年11月30日动工，日本海军提供了60%的建造经费，原始设计用来营运日本和美国航线，但是在完成了上段甲板后，国际局势便日趋转坏，到1940年10月便被军方征收改造，因此实际上并没有真正作为邮轮营运使用。1941年1月开始改装工程，"出云丸"号（"飞鹰"号）比姊妹舰"橿原丸"号（"隼鹰"号）更早下水，但却比后者更晚完工成为航空母舰。

"飞鹰"号航空母舰为了双重用途，建造时锅炉数量比一般军舰少，也没有使用日本海军惯用的舰本式锅炉与蒸汽轮机，在效率与维修上都相当不便，也让"飞鹰"号在航速上无法赶上正规航空母舰。"飞鹰"号服役期间，轮机经常发生故障，甚至因此退出战斗。不过，"飞鹰"号搭载的舰载机数量与日本2万吨级正规航空母舰相近，且拥有较长的续航力，在实战运用上日本海军仍相当倚重其战力。

小 知 识

在1944年6月20日的战斗中，"飞鹰"号航空母舰遭美军舰载机发射的鱼雷命中左舷轮机室，丧失了航行能力，并于19时因左舷后部大爆炸而沉没。

日本"隼鹰"号航空母舰

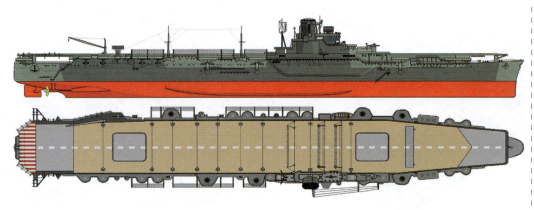

制造商：长崎造船厂

服役时间：1942~1945年

航空母舰类型：中型航空母舰

动力来源：2具蒸汽轮机

主要自卫武器：127毫米舰炮、25毫米防空炮等

舰载机数量：53架舰载机

基本参数	
满载排水量	27500吨
全长	219.32米
全宽	26.7米
吃水	8.15米
最高航速	25.5节

"隼鹰"（Junyō）号航空母舰是日本飞鹰级航空母舰的二号舰，1939年3月20日动工建造，1941年6月26日下水，1942年5月3日服役。

"隼鹰"号原为邮轮"橿原丸"号，在日本政府的运作下，由国家负担60%建造经费，来保障必要时可改装为军舰使用，因此军方及民间的设计理念冲突便在该舰上出现了"拉锯"。除了装甲外，最大的差别就是在动力部分，当时远洋客轮的最高航速在23节左右，但是在军方的推动下"隼鹰"号将最高航速提高到25节，为了达成需求，承造"飞鹰"号和"隼鹰"号的两间造船厂各自使用其独立设计的高温高压锅炉，虽然名称不同，但操作规格上大同小异。这种锅炉技术上仍不成熟，因此"隼鹰"号也有着主机故障率高的困扰。

被改造成航空母舰后，"隼鹰"号把原本船内的木质装潢拆去，并在舰内各处加上以肥皂水作为液体的消防设备。它的烟囱被设计成向外倾斜26度，以便令排出的废气不会在飞行甲板上空漂浮，而在它参战后又加装雷达和不断增强防空火力，尤其是九六式25毫米防空炮由最初24门增加至88门。到了1944年，"隼鹰"号的舰身两侧都画上了反潜迷彩。

小知识

"隼鹰"号航空母舰的船钟在菲律宾海海战因受创落海，在塞班岛附近海域被美军拾获，1944年由切斯特·威廉·尼米兹海军上将赠送给福坦莫大学。

日本"大凤"号航空母舰

制造商：川崎造船厂
服役时间：1944年3~6月
航空母舰类型：大型航空母舰
动力来源：4具舰本式蒸汽轮机
主要自卫武器：100毫米防空炮、25毫米防空炮等
舰载机数量：53架舰载机

"大凤"（Taihō）号航空母舰是日本在二战中建造的航空母舰，曾作为机动部队的旗舰参加战斗，是日本在二战中最后完工的一艘正规航空母舰。该舰于1941年7月10日动工建造，1943年4月7日下水，1944年3月7日竣工。1944年6月19日，"大凤"号航空母舰在菲律宾海海战中遭到美国海军潜艇攻击，因油管破损造成油气外泄，之后因不明原因发生爆炸，最终沉没。

"大凤"号航空母舰是日本第一艘采用装甲飞行甲板的航空母舰，飞行甲板上铺设厚75毫米装甲，其下还有20毫米厚特种钢板，可抵抗500千克炸弹的轰炸。此前日本航空母舰的飞行甲板缺少装甲防护，俯冲轰炸机攻击时仅1颗炸弹就可以使航空母舰失去战斗力。为加强结构强度，飞行甲板中部没有设置升降机。舷侧防护装甲由上部（185毫米）向下逐渐变薄（70毫米），水线以下防护装甲采用倾斜布置。

"大凤"号航空母舰设有两层机库，配备了一前一后两部升降机。该舰通常搭载53架舰载机，包括24架"烈风"舰载战斗机、25架"流星"舰载攻击机（24架常用，1架备用）、4架"彩云"舰载侦察机。以往日本航空母舰设计了舷侧伸出向下弯曲的烟囱，"大凤"号改为与舰桥一体化的舰岛（位于右舷）结构，直立式烟囱在舰岛顶部向外倾斜26度，减轻烟囱排烟对飞行作业的影响。

基本参数

满载排水量	37870吨
全长	260.6米
全宽	27.4米
吃水	9.6米
最高航速	33.3节

▲ "大凤"号航空母舰

小知识

为了防止飞行甲板以及结构重量增加引起整艘船的重心上升，"大凤"号航空母舰的干舷比翔鹤级航空母舰低1.7米，飞行甲板前端舰艏及舰体机库中、前部侧面设计同英国光辉级航空母舰一样采用全封闭式，以抵御恶劣海况大浪的损害。

日本"云龙"号航空母舰

制造商：横须贺海军工厂

服役时间：1944年8～12月

航空母舰类型：中型航空母舰

动力来源：4具舰本式蒸汽轮机

主要自卫武器：127毫米防空炮、25毫米防空炮等

舰载机数量：65架舰载机

基本参数

满载排水量	22400吨
全长	227.35米
全宽	22米
吃水	7.86米
最高航速	34节

"云龙"（Unryū）号航空母舰是日本云龙级航空母舰的首舰，1942年8月1日动工建造，1943年9月25日下水，1944年8月6日正式服役。

"云龙"号航空母舰是1941年11月所立案的"战时建造计划"中的中型航空母舰。原本计划为新型航空母舰，但为了在短时间内完成而部分设计沿用了"苍龙"号航空母舰的设计。由于日本在马里亚纳海战中惨败，"云龙"号完工时已无可供搭载的舰载机。该舰完工后虽然编入第1航空战队，却一直待在吴港等待舰载机部队，最后就在毫无舰载机的情形下作为重量物资输送船，进行对菲律宾方面的运输补给。

1944年12月17日，"云龙"号航空母舰自吴港出发驶向雷伊泰岛。12月19日，"云龙"号于宫古岛西北海域在恶劣气候下航行时，遭到美国"红鱼"号潜艇袭击，一枚鱼雷命中右舷舰桥下方，导致第一与第二锅炉舱进水，前半部的电源切断。虽然火灾暂时受到控制，乘员也尽量将满载物资的卡车推入海中以恢复平衡，但"云龙"号还是在海面上停止，并且向右倾斜。"红鱼"号再射出一枚鱼雷，命中"云龙"号的下层机库，并且引爆了搭载于此的"樱花"特别攻击机，难以控制的火势又引发弹药库爆炸。此时舰长下达弃舰命令，"云龙"号于16点57分沉没。

小知识

"樱花"特别攻击机是日本第一海军航空技术厂专为"神风"特攻队而设计的特别攻击机。实质上，这是一种由人操纵进行自杀攻击用的"空对地导弹"。目的和效能相当于今日的反舰导弹与巡航导弹。

日本"天城"号航空母舰

制造商：长崎造船厂

服役时间：1944~1945年

航空母舰类型：中型航空母舰

动力来源：4具舰本式蒸汽轮机

主要自卫武器：127毫米防空炮、25毫米防空炮等

舰载机数量：65架舰载机

基本参数

满载排水量	22400吨
全长	227.35米
全宽	22米
吃水	7.86米
最高航速	34节

"天城"（Amagi）号航空母舰是日本云龙级航空母舰的二号舰，1942年10月1日动工建造，1943年10月15日下水，1944年8月10日正式服役。

日本曾经有过一艘"天城"号航空母舰，是"赤城"号航空母舰的同级舰，但在关东大地震时被震毁，故日本将云龙级航空母舰二号舰命名为"天城"号。

"天城"号航空母舰下水完工时已经非常接近二战结束，因当时日军严重缺乏舰载机与飞行员，"天城"号从未实际投入战场。一直停泊在吴港内的"天城"号在多次遭美军空袭后于1945年7月28日在港内遭炸受损、进水后沉没。由于二战在"天城"号沉没后不久的9月2日结束，且二战之后再也没有任何一艘航空母舰在作战中沉没，使得"天城"号成为日本，乃至于全世界最后一艘战损的航空母舰。"天城"号浸泡在水中几年后，于1947年7月31日打捞出水，并解体报废。

▲ "天城"号航空母舰被打捞出水

小 知 识

"天城"号航空母舰的舰名取自静冈县境内伊豆半岛的天城山。最高峰万三郎岳海拔达1407米的天城山是日本知名的杉木产地，而杉木是当时日本军舰甲板最常用的铺面材料。

日本"葛城"号航空母舰

制造商：吴海军工厂

服役时间：1944~1945年

航空母舰类型：中型航空母舰

动力来源：4具舰本式蒸汽轮机

主要自卫武器：127毫米防空炮、25毫米防空炮等

舰载机数量：65架舰载机

基本参数	
满载排水量	22400吨
全长	227.35米
全宽	22米
吃水	7.86米
最高航速	34节

"葛城"（Katsuragi）号航空母舰是日本云龙级航空母舰的三号舰，1942年12月8日动工建造，1944年1月19日下水，1944年10月15日正式服役。

"葛城"号航空母舰服役后编入第1航空战队。由于燃料不足，从未参与舰队行动，完工后即停留于吴港待命。而在吴港待命期间，1945年3月19日、7月24日、7月28日遭遇美军共计三次的舰载机攻击，而舰身无太大损伤，反倒是飞行甲板丧失起降机能，这对于待命中的"葛城"号来说没有太大影响，它也因此成为日本海军最大的可移动残存舰。日本海军也立即修补"葛城"号破损的飞行甲板，其用途也从待命的航空母舰转变为运载海外日军归国的运输舰，其机库刚好能容纳3000名人员。1946年11月30日，"葛城"号于日立造船厂解体。

小 知 识

"葛城"号航空母舰是日本海军建造的航空母舰中最后完成的一艘，其舰名来自奈良县的大和葛城山。

日本"信浓"号航空母舰

制造商：横须贺海军工厂
服役时间：1944年11月28日（仅1天）
航空母舰类型：大型航空母舰
动力来源：4具蒸汽轮机
主要自卫武器：127毫米舰炮、25毫米防空炮等
舰载机数量：47架舰载机

"信浓"（Shinano）号航空母舰是日本在二战中建造的大型航空母舰，是当时排水量最大的航空母舰。

"信浓"号航空母舰原本是作为大和级战列舰的三号舰建造的，1940年5月在横须贺海军工厂六号船坞开工建造。太平洋战争爆发后，"信浓"号的建造计划被取消。1942年6月日本由于中途岛海战的惨败，损失了4艘主力航空母舰，航空母舰机动力量大大减少。于是，日本决定优先建造航空母舰。在此背景下，日本将已经完成50%进度的"信浓"号改建成航空母舰。由于战事紧张，造船厂迫于军方压力，只得昼夜赶工并忽视了大量的次要流程，1944年11月19日宣布建成时仍然有大量细节部分没有完工。1944年11月28日，"信浓"号在服役后的第一次正式出航中，仅仅航行了17个小时便被美军潜艇发射的4枚鱼雷击沉，创造了世界舰船史"最短命的航空母舰"的纪录。

"信浓"号航空母舰最初设计搭载65架舰载机，包括38架"烈风"战斗机、18架"流星"攻击机和9架"彩云"侦察机。后期因为作战需要发生改变，又改为20架"烈风"战斗机和27架"流星"攻击机，一共47架舰载机。虽然为了提高整舰的防御能力造成舰载机数量较少，但是这些飞机的性能已经有大幅度的进步，一定程度弥补了数量的不足。

基本参数

满载排水量	71890吨
全长	266米
全宽	38.9米
吃水	10.8米
最高航速	27节

小知识

为了有效防御敌军的高空和俯冲轰炸，"信浓"号航空母舰的飞行甲板铺装了75毫米厚的甲板装甲，同时还覆盖了200毫米厚的钢骨水泥层。重点位置的装甲特别进行了加固，使之可以抵抗大口径火炮的轰击。

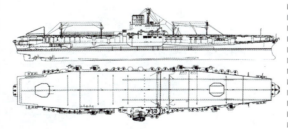

▲ "信浓"号航空母舰构造图

日本"伊吹"号航空母舰

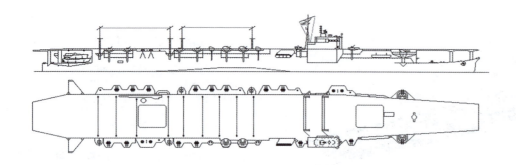

制造商：吴海军工厂

服役时间：从未服役

航空母舰类型：轻型航空母舰

动力来源：2具舰本式蒸汽轮机

主要自卫武器：76.2毫米防空炮、25毫米防空炮等

舰载机数量：27架舰载机

"伊吹"（Ibuki）号航空母舰原本是日本海军兴建的改铃谷级重型巡洋舰的一艘，但是因为战争局势需求而改装成航空母舰，到日本投降前都未能完工，战后遭到拆解。

由于是建造中途才临时决定改装，"伊吹"号航空母舰的舰体设计与最上级重型巡洋舰大致相同，使用双重底船壳，由于改装工程会导致舰体重心上移，所以水下隔舱尺寸加大，增加额外浮力。改装设计中，原本规划将舰桥安置于飞行甲板下方，但因空间不足放弃该方案，采用重心偏高的岛式舰桥。得益于重型巡洋舰的舰体架构，"伊吹"号的船体水平防御比大部分的日本航空母舰要完整。"伊吹"号有完整的水线装甲带，舰体中央装有纵向水密装甲，弹药库区段水平装甲厚度可达140毫米，主机舱与弹药库上方的装甲厚度为35~40毫米。

"伊吹"号航空母舰计划搭载30架舰载机，包括15架"烈风"战斗机、15架"流星"舰上攻击机，没有备用机编制。但因改装工程以速成为优先考量，"伊吹"号只设计了单层机库，机库装不下那么多飞机。最后决定削减为15架"烈风"战斗机、12架"流星"舰上攻击机，"流星"舰上攻击机机队储放在机库，"烈风"战斗机机队除了4架放在机库外，剩下11架均置于甲板。

基本参数

满载排水量	14800吨
全长	200.6米
全宽	21.2米
吃水	6.31米
最高航速	29节

▲ 1946年10月解体中的"伊吹"号航空母舰

小知识

"伊吹"号航空母舰得名于日本滋贺县内高度最高的山峰——伊吹山。该山标高1377.3米，自古以来就被认为是一座灵峰。

"准航空母舰"

第 5 章

"准航空母舰"是指排水量和作战功能等方面与航空母舰相似,但因特定原因未被划归为航空母舰的作战舰艇,例如两栖攻击舰、直升机母舰、返潜巡洋舰、直升机护卫舰等。

美国"美利坚"号两栖攻击舰（LHA-6）

- 制造商：亨廷顿英戈尔斯工业公司
- 服役时间：2014年至今
- 舰船类型：两栖攻击舰
- 动力来源：2具燃气轮机
- 主要自卫武器：RIM-116导弹、RIM-162导弹等
- 舰载机数量：22架舰载机

基本参数

满载排水量	45570吨
全长	257.3米
全宽	32.3米
吃水	8.7米
最高航速	20节

"美利坚"号两栖攻击舰（USS America LHA-6）是美国海军美利坚级两栖攻击舰的首舰，也是美国海军第四艘以"美利坚"为名的军舰。该舰于2009年7月17日动工建造，2012年6月4日下水，2014年10月11日正式服役。

"美利坚"号虽然名义上称为两栖攻击舰，但在构造与用途上与一般的非斜向甲板设计航空母舰并无不同。事实上，比较世界各国现役的航空母舰，除了英国海军"伊丽莎白女王"号航空母舰、俄罗斯海军"库兹涅佐夫"号航空母舰等少数大型航空母舰，"美利坚"号的排水量已经超越了其他国家所有服役中的主力航空母舰。

"美利坚"号两栖攻击舰典型的飞机配置是12架MV-22"鱼鹰"运输机，6架可短距起降的F-35B"闪电"Ⅱ战斗机，4架CH-53K"超级种马"重型运输直升机，7架AH-1Z"超眼镜蛇"直升机，2架MH-60S"海鹰"中型直升机。具体的飞机配置可随任务不同而改变，它可以搭载20架F-35B和2架MH-60S以轻型航空母舰的身份参与战斗。

▲ "美利坚"号两栖攻击舰

小知识

为了有效降低被雷达发现的概率，"美利坚"号两栖攻击舰将舰岛建筑的外形设计成大倾斜面，同时减少舰体外表面的附属装备和电子天线，还将主机、辅机、传动装置均安装在用来减振隔声的双缓冲弹性支架上，减小了水下的声响信号。

苏联/俄罗斯"莫斯科"号反潜巡洋舰（108）

| 制造商：尼古拉耶夫造船厂 |
| 服役时间：1967~1996年 |
| 舰船类型：直升机航空母舰 |
| 动力来源：2具蒸汽轮机 |
| 主要自卫武器：4K60导弹、57毫米舰炮等 |
| 舰载机数量：18架直升机 |

基本参数

满载排水量	17500吨
全长	189米
全宽	34米
吃水	7.7米
最高航速	31节

"莫斯科"（Moskva）号反潜巡洋舰是莫斯科级反潜巡洋舰的首舰，1962年12月动工建造，1965年1月下水，1967年12月正式服役，隶属于黑海舰队。

莫斯科级反潜巡洋舰设计用于反制北约"北极星"弹道导弹潜艇，虽然西方国家将其定义为航空母舰，但是它无法搭载固定翼飞机，性能上最多称为直升机航空母舰。且因当时苏联的"核战至上论"环境所限制，苏联军方否定了航空母舰的必要性，莫斯科级只能以反潜巡洋舰的角色去回避政治定位，同时有限度地满足苏联海军需求。

"莫斯科"号反潜巡洋舰采用混合式舰型，舰体前半部为典型的巡洋舰布置，舰体后半部则是宽敞的直升机飞行甲板。该舰的前甲板布满了各式武器系统，其中大部分为反潜武器。该舰的飞行甲板面积为2754平方米，占据了几乎一半的甲板面积，飞行甲板与机库之间有2部升降机。该级舰通常搭载18架直升机，主要型号为卡-25"激素"反潜直升机和米-8"河马"运输直升机。虽然曾有雅克-38垂直起降战斗机在舰上进行测试，但是最终未能正式列装。

小知识

苏联解体后，"莫斯科"号反潜巡洋舰仍然隶属于黑海舰队，但是俄罗斯和乌克兰在黑海舰队归属上发生了争执，导致黑海舰队既无军饷又无燃料，"莫斯科"号只得长期停泊在塞瓦斯托波尔。

苏联/俄罗斯"列宁格勒"号反潜巡洋舰（109）

制造商：	尼古拉耶夫造船厂
服役时间：	1969~1996年
舰船类型：	直升机航空母舰
动力来源：	2具蒸汽轮机
主要自卫武器：	4K60导弹、57毫米舰炮等
舰载机数量：	18架直升机

基本参数

满载排水量	17500吨
全长	189米
全宽	34米
吃水	7.7米
最高航速	31节

"列宁格勒"（Leningrad）号反潜巡洋舰是莫斯科级反潜巡洋舰的二号舰，1965年1月动工建造，1968年7月下水，1969年6月正式服役，隶属于黑海舰队，主要负责地中海地区的战备巡逻。

"列宁格勒"号反潜巡洋舰的舰体高大，带有强烈的俄式舰艇风格，舰体前半部与导弹巡洋舰无异，而自中段烟囱开始，后半部如刀削般出现了一大块直升机起降平台。该舰装有"顶帆"对空搜索雷达、"顶罩"对空搜索雷达、"头灯"防空导弹制导雷达、"驼鹿颚"低频声呐和"马尾"可变深度声呐等侦搜设备。

"列宁格勒"号反潜巡洋舰的舰艏有2座十二联装RBU-6000反潜火箭发射架，其后方为1座双联装SUW-N-1反潜导弹发射架，再后方为2座SA-N-3防空导弹发射架，舰桥两侧另有2座双联装57毫米防空炮。此外，还有5座双联装533毫米鱼雷发射管。

小知识

因"莫斯科"号反潜巡洋舰和"列宁格勒"号反潜巡洋舰服役后被指在风浪较大的海面行进时操控性不佳，该级舰的三号舰"基辅"号反潜巡洋舰被取消建造。

法国"圣女贞德"号航空巡洋舰（R97）

| 制造商：布雷斯特造船厂 |
| 服役时间：1964~2010年 |
| 舰船类型：直升机航空母舰 |
| 动力来源：4具燃气轮机 |
| 主要自卫武器：100毫米舰炮、"飞鱼"导弹等 |
| 舰载机数量：8架直升机 |

"圣女贞德"号航空巡洋舰（Jeanne d'Arc R97）是法国海军曾装备的一艘反潜直升机航空母舰，舰名来源于英法百年战争中的法国传奇人物圣女贞德。该舰于1960年7月7日动工建造，1961年9月30日下水，1964年7月16日正式服役，取代法国海军原有的一艘同样名为"圣女贞德"号的训练舰。由于构型特殊，且曝光率高，该舰成为冷战时期法国海军的象征性军舰。2010年5月27日，"圣女贞德"号退出现役。

"圣女贞德"号航空巡洋舰的舰体前部采用类似一般水面舰船的构型，舰艏配备武器装置，舰桥结构占据舰体前半段。舰桥结构后方紧接着是一块长62米、宽21米的直升机起降甲板，比舰体主甲板高出一层，甲板下方的空间规划成机库。起降甲板有3个直升机起降点，最多能同时让3架直升机起降，起降甲板末端则设有1部升降机来连通机库。

"圣女贞德"号航空巡洋舰可搭载数架直升机进行反潜、两栖垂直登陆或空中扫雷等作战任务，此外还担任法国海军军官学校的训练舰，担负应届毕业生的年度例行远航训练任务。在执行作战任务时，"圣女贞德"号可搭载8架SA-321G"超级大黄蜂"直升机或"山猫"直升机，攻击敌方水面舰艇。而在平时，"圣女贞德"号主要配备"云雀""海豚"或"超级美洲豹"等直升机。

基本参数

满载排水量	12365吨
全长	182米
全宽	24米
吃水	7.5米
最高航速	28节

小知识

2014年10月11日下午，"圣女贞德"号航空巡洋舰从布雷斯特海军基地出发，48小时后到达波尔多附近的巴森港口，之后威立雅环境服务公司专业从事解构船只的子公司着手将其拆解，拆解后的部分部件由某些博物馆收藏。

▲ "圣女贞德"号航空巡洋舰

西班牙"胡安·卡洛斯一世"号战略投送舰（L-61）

| 制造商：纳凡蒂亚公司 |
| 服役时间：2010年至今 |
| 舰船类型：轻型航空母舰、两栖攻击舰 |
| 动力来源：1具LM2500燃气轮机、2具柴油机 |
| 主要自卫武器：20毫米机炮、12.7毫米重机枪等 |
| 舰载机数量：12架攻击机或战斗机、10架直升机 |

"胡安·卡洛斯一世"号战略投送舰（Juan Carlos I L-61）是西班牙自主设计并建造的多用途战舰，舰名来源于西班牙国王胡安·卡洛斯一世。该舰原定预算3.6亿欧元，最终的实际花费则上涨到4.62亿欧元。

"胡安·卡洛斯一世"号战略投送舰具有直通飞行甲板和舰艏滑跃甲板，适合让舰载机进行垂直或滑跃起飞，并以垂直降落方式回收，因此可作为AV-8B"海鹞"Ⅰ攻击机以及未来的F-35B战斗机的起降载台。此外舰艉设有井围甲板，可装载4~6艘机械化登陆艇进行水面登陆作战。该舰将优先作为航空母舰使用，特别是在西班牙因遭逢金融和经济困境而将"阿斯图里亚斯亲王"号航空母舰退役的状况下，由"胡安·卡洛斯一世"号接替空缺的航空母舰职责。

"胡安·卡洛斯一世"号战略投送舰采用钢质舰体，航空母舰式的舰岛位于右舷，全通式飞行甲板长202米，宽32米，飞行甲板尺寸略小于英国无敌级航空母舰。飞行甲板上设有2部升降机，其中一部位于舰岛前方，另一部位于飞行甲板末端，这种配置与"阿斯图里亚斯亲王"号航空母舰类似。舰体由上而下分为4层：大型全通飞行甲板层、轻型车库和机库层、船坞和重型车库层、居住层。舰体两侧设有稳定鳍，使舰艉的坞舱在4级海况下仍能进行登陆载具的收放。

基本参数

满载排水量	24660吨
全长	230.82米
全宽	32米
吃水	7.07米
最高航速	21节

▲ "胡安·卡洛斯一世"号战略投送舰

小知识

"胡安·卡洛斯一世"号战略投送舰装有4门20毫米厄利空防空机炮与4挺12.7毫米重机枪等武器，并且预留了加装防空导弹垂直发射系统或美制"拉姆"短程防空导弹的空间。

澳大利亚"堪培拉"号两栖攻击舰（L02）

制造商：纳凡蒂亚公司

服役时间：2014年至今

舰船类型：两栖攻击舰

动力来源：1具LM2500燃气轮机、2具柴油机

主要自卫武器："台风"武器站、"密集阵"近防炮等

舰载机数量：18架直升机

基本参数

满载排水量	27500吨
全长	230.82米
全宽	32米
吃水	7.08米
最高航速	20节

"堪培拉"号两栖攻击舰（HMAS Canberra L02）是澳大利亚海军堪培拉级两栖攻击舰的首舰，2009年9月23日动工建造，2011年2月17日下水，2014年11月28日正式服役。

虽然称作两栖攻击舰，但"堪培拉"号两栖攻击舰稍加改装就可摇身一变成为轻型航空母舰。澳大利亚海军希望重新拥有航空母舰的梦想已经存在了30余年，"堪培拉"号服役后重圆了澳大利亚海军的巨舰梦。"堪培拉"号比澳大利亚海军之前的"墨尔本"号航空母舰还要大，它的服役使澳大利亚军队能够执行一系列作战任务，包括地区救灾、人道主义援助、维和行动以及其他军事任务。它极大地提升了澳大利亚的兵力投送能力，以及提供有限的空中支援，成为澳大利亚海上远程作战的最大平台。

▲ "堪培拉"号两栖攻击舰

小知识

虽然"堪培拉"号两栖攻击舰是首舰，但舷号却是L02。舷号L01则由二号舰"阿德莱德"号两栖攻击舰使用，以纪念先前使用这个舰名且在2008年除役的阿德莱德级巡防舰首舰。

澳大利亚"阿德莱德"号两栖攻击舰（L01）

| 制造商：纳凡蒂亚公司 |
| 服役时间：2015年至今 |
| 舰船类型：两栖攻击舰 |
| 动力来源：1具LM2500燃气轮机、2具柴油机 |
| 主要自卫武器："台风"武器站、"密集阵"近防炮等 |
| 舰载机数量：18架直升机 |

基本参数	
满载排水量	27500吨
全长	230.82米
全宽	32米
吃水	7.08米
最高航速	20节

"阿德莱德"号两栖攻击舰（HMAS Adelaide L01）是澳大利亚海军堪培拉级两栖攻击舰的二号舰，2011年2月18日动工建造，2012年7月4日下水，2015年12月4日正式服役。

与首舰"堪培拉"号两栖攻击舰一样，"阿德莱德"号两栖攻击舰也采用了全通飞行甲板，岛式上层建筑。该舰可搭载1000名武装士兵，同时运送150辆装甲车，包括M1A1主战坦克。此外，还可运送LCAC气垫登陆艇。一般情况下，"阿德莱德"号可以起降6架S-70"黑鹰"直升机，舰上最多可以携带18架直升机。由于采用直通式甲板，"阿德莱德"号稍做改装，就可变为轻型航空母舰，搭载25~30架"海鹞"战斗机或F-35B"闪电"Ⅱ垂直起降舰载机。

▲ "阿德莱德"号两栖攻击舰

小知识

阿德莱德是澳大利亚第五大城市，也是南澳大利亚州首府，连续多年和墨尔本同时被评为全世界最宜居的城市之一。

日本"日向"号直升机护卫舰（DDH-181）

制造商：	石川岛播磨重工横滨厂
服役时间：	2009年至今
舰船类型：	直升机护卫舰
动力来源：	4具LM2500燃气轮机
主要自卫武器：	RIM-162导弹、"阿斯洛克"导弹等
舰载机数量：	11架直升机

"日向"号直升机护卫舰（JS Hyūga DDH-181）是日本海上自卫队日向级直升机护卫舰的首舰，2006年5月11日动工建造，2007年8月23日下水，2009年3月18日正式服役。该舰一度是日本在二战后建造的排水量最大的军舰，虽然日本欲盖弥彰地将其命名为"护卫舰"，但它实际上就是一艘两栖攻击舰甚至轻型航空母舰，其舰体构造、功能与吨位都与其他国家的轻型航空母舰相近。

"日向"号直升机护卫舰采用全通式甲板设计，可供3架直升机同时起降作业，虽然外界对全通式甲板是否能操作垂直起降固定翼飞机（例如F-35B）有着争议，但是日本海上自卫队的说法称"日向"号在设计时没有考虑固定翼飞机操作。此外，"日向"号也没有安装滑跃甲板或弹射装备操作传统固定翼飞机。"日向"号的主要任务定位在直升机反潜战，但装备了指挥管制系统，在必要时作为舰队旗舰指挥。

"日向"号直升机护卫舰最多可以搭载11架直升机，其中7架可收容至下甲板机库，另外4架则停放于飞行甲板上。飞行甲板设有4个起降点，能同时操作4架直升机。"日向"号配备的主力机种是SH-60K反潜直升机，扫雷/运输直升机则是阿古斯塔·韦斯特兰MCH-101直升机。

基本参数

满载排水量	19000吨
全长	197米
全宽	33米
吃水	7米
最高航速	30节

▲ "日向"号直升机护卫舰

小知识

"日向"号直升机护卫舰采用令制国命名法，舰名来源于日本古代的令制国之一日向国，属西海道，又称日州或向州。日向国的领域大约为现在的宫崎县。

日本"伊势"号直升机护卫舰（DDH-182）

制造商：	石川岛播磨重工横滨厂
服役时间：	2011年至今
舰船类型：	直升机护卫舰
动力来源：	4具LM2500燃气轮机
主要自卫武器：	RIM-162导弹、"阿斯洛克"导弹等
舰载机数量：	11架直升机

"伊势"号直升机护卫舰（JS Ise DDH-182）是日本海上自卫队日向级直升机护卫舰的二号舰，2008年5月30日动工建造，2009年8月21日下水，2011年3月16日正式服役。

"伊势"号直升机护卫舰采用与航空母舰相同的全通式飞行甲板，舰上可同时操作4架大型直升机。由于"伊势"号的甲板强度允许超过30吨的MH-53E直升机起降，因此它也能操作30吨级的美制V-22"鱼鹰"倾转旋翼机，承载20吨级的F-35B"闪电"Ⅱ战斗机也不成问题。为了降低雷达截面积，"伊势"号不仅采用倾斜的上层结构设计、封闭式轻型合金桅杆以及较为简洁的舰体轮廓外形，细部结构也做了降低雷达截面积的考量。

"伊势"号直升机护卫舰右侧舰岛装备日本自主研发的四面固定式FCS-3改有源相控阵雷达，舰艉配置2座八联装十六单元Mk 41垂直发射装置，可装填改进型"海麻雀"防空导弹和火箭助飞鱼雷。该舰的作战系统相当先进并且高度整合化，拥有优秀的资讯传输能力以符合未来各军种、单位之间"联网作战"的趋势。

基本参数

满载排水量	19000吨
全长	197米
全宽	33米
吃水	7米
最高航速	30节

▲ "伊势"号直升机护卫舰

小 知 识

"伊势"号与"日向"号是二战时期日本两艘伊势级战列舰的命名，数十年后日本又在同一级军舰里使用了这两个名字。

日本"出云"号直升机护卫舰（DDH-183）

制造商：	海洋联合公司横滨矶子工厂
服役时间：	2015年至今
舰船类型：	直升机护卫舰
动力来源：	4具LM2500燃气轮机
主要自卫武器：	RIM-116导弹、"密集阵"近防炮等
舰载机数量：	28架直升机

"出云"号直升机护卫舰（JS Izumo DDH-183）是日本海上自卫队出云级直升机护卫舰的首舰，2012年1月27日动工建造，2013年8月6日下水，2015年3月25日正式服役。

"出云"号直升机护卫舰是日本海上自卫队有史以来建造的最大的作战舰艇，从吨位、布局到功能都已完全符合现代轻型航空母舰的特征，其尺寸和排水量已超过日本二战时期的部分正规航空母舰，也超过意大利、泰国等国家的现役轻型航空母舰。除了舰体规模比前级日向级直升机护卫舰更为庞大外，"出云"号还拥有日向级两舰所不具备的两栖部队运输能力和海上补给能力，舷侧设有两栖部队滚装舱门，舰艉设有燃料纵向补给设施，多任务能力有较大提升。

与日向级直升机护卫舰两舰相比，"出云"号直升机护卫舰的升降机布置有所变更，前部升降机仍位于上层结构前端左侧，面积与日向级上较大的后部升降机相当；而"出云"号的后部升降机则移至舰岛后方右舷，面积更大且为舷外形式，足以操作更大型的舰载机。加上飞行甲板前部左侧取消了日向级的内削构型，增大可用面积，飞行甲板长度可让F-35B战斗机进行短距起飞。

基本参数

满载排水量	27000吨
全长	248米
全宽	38米
吃水	7.5米
最高航速	30节

▲ "出云"号直升机护卫舰

小知识

"出云"号直升机护卫舰的舰名来源于日本令制国制度时代的出云国。该国的领域大约为现在岛根县的东部。此地常在日本神话中出现。

日本"加贺"号直升机护卫舰（DDH-184）

制造商：	海洋联合公司横滨矶子工厂
服役时间：	2017年至今
舰船类型：	直升机护卫舰
动力来源：	4具LM2500燃气轮机
主要自卫武器：	RIM-116导弹、"密集阵"近防炮等
舰载机数量：	28架直升机

基本参数

满载排水量	27000吨
全长	248米
全宽	38米
吃水	7.5米
最高航速	30节

"加贺"号直升机护卫舰（JS Kaga DDH-184）是日本海上自卫队出云级直升机护卫舰的二号舰，2013年10月7日动工建造，2015年8月27日下水，2017年3月22日正式服役。

"加贺"号直升机护卫舰配备了OPS-50对空搜索雷达、OPS-28对海搜索雷达和OQQ-23声呐等侦搜设备，并拥有完善的指挥设施，包括日本构建的"海幕"卫星数据传输/指挥系统以及多种与海上自卫队、美军兼容的数字数据传输和通信系统，除了本舰的战情中心（CIC）之外，还有旗舰司令部作战中心（FIC），而多功能舱室可作为统合任务部队司令部，可容纳100名参谋人员。

"加贺"号直升机护卫舰最多可容纳28架直升机，同时起降操作5架直升机。该级舰主要搭载SH-60K"海鹰"反潜直升机，作为日本海上自卫队远洋反潜作战编队的旗舰，它加入现役的"十·九"舰队后，可将反潜战斗力提升1倍，覆盖的海域也随之增加数倍。此外，也可搭载MCH-101扫雷/运输直升机。

▲ "加贺"号直升机护卫舰

小 知 识

"加贺"号直升机护卫舰的舰名来源于日本令制国制度时代的加贺国。该国属北陆道，又称加州，领域大约为现在的石川县南部。"加贺"号原是旧日本帝国海军的航空母舰，在中途岛海战中被美军击沉，"加贺"号直升机护卫舰让它"起死回生"。

韩国"独岛"号两栖攻击舰（LPH-6111）

| 制造商：韩进重工业公司 |
| 服役时间：2007年至今 |
| 航空母舰类型：两栖攻击舰 |
| 动力来源：4具柴油机 |
| 主要自卫武器：RIM-116导弹、"守门员"近防炮等 |
| 舰载机数量：15架直升机 |

"独岛"号两栖攻击舰（ROKS Dokdo LPH-6111）是韩国海军独岛级两栖攻击舰的首舰，2002年10月动工建造，2005年7月下水，2007年7月正式服役，目前是韩国海军的旗舰。

"独岛"号两栖攻击舰拥有类似美国塔拉瓦级两栖攻击舰、黄蜂级两栖攻击舰类似的构型，都采用类似航空母舰的长方形全通式飞行甲板以及位于侧舷的舰岛，并设有可装载登陆载具的舰内坞舱，登陆载具由舰艉的大型闸门进出。不过相较于上述两种美国两栖攻击舰，"独岛"号的尺寸与吨位要小得多。为了提高生存性，"独岛"号在许多重要部位都加装了钢质装甲，舰内划分为5个火灾防护区域与3个核生化防护区域。

"独岛"号两栖攻击舰拥有完善的指管通情系统，能执行两栖、水面、空中乃至反潜作战中相关的指挥、管制、通信、情报搜集、监视侦搜等作业。该舰的飞行甲板长179米，宽31米，飞行甲板的一侧共有5个直升机起降点，可供5架直升机同时起降。机库能容纳10架SH-60直升机（或EH-101等级的直升机），并进行各类维护作业。舰内坞舱长26.5米，宽14.8米，可容纳2艘LCAC气垫登陆艇或12辆AAAV两栖突击车。

基本参数

满载排水量	18000吨
全长	199米
全宽	31米
吃水	7米
最高航速	23节

▲ "独岛"号两栖攻击舰（近）与美国海军尼米兹级航空母舰（远）

小知识

韩国海军计划建造2艘独岛级两栖攻击舰，二号舰"马罗岛"号两栖攻击舰于2018年5月下水，计划2020年内入役。

舰载机

第 6 章

舰载机是航空母舰的主要作战武器,也是海军航空兵的主要作战手段,是在海洋战场上夺取和保持制空权、制海权的重要力量。它可用于攻击空中、水面、水下和地面目标,并遂行预警、侦察、护航、布雷和扫雷等任务。

美国F4U "海盗"战斗机

F4U "海盗"（F4U Corsair）战斗机是沃特飞机公司研制的活塞式舰载战斗机，除用于空战外，也担当战术轰炸机的角色。在二战太平洋战场上，F4U与F6F战斗机同为美军主力，成为日本战斗机的强劲对手。二战结束后，据美国海军统计，F4U战斗机的击落比率为11：1，即每击落11架敌机才有1架被击落，有着骄人战绩。

F4U战斗机加速性能好，火力强大，爬升快，坚固耐用，是美国第一种飞行速度超过200千米/小时的战斗机，也是速度最快的活塞式战斗机之一。F4U战斗机在许多方面都与当时的飞机有很大差别，其机翼采用了倒海鸥翼的布局，动力装置为当时动力最大的活塞发动机——普惠R-2800-18W型，功率达到1770千瓦，而同时期的军机多数只有900千瓦。

制造商: 沃特飞机公司		
服役时间: 1945~1953年		
舰载机类型: 单座单发战斗机		
动力装置: 1台普惠R-2800-18W发动机		
固定武器: 6挺12.7毫米重机枪或4门20毫米机炮		
总产量: 12571架		

基本参数	
机身长度	10.2米
机身高度	4.50米
翼展	12.5米
空重	4174千克
最高速度	718千米/小时

美国F6F "地狱猫"战斗机

F6F "地狱猫"（F6F Hellcat）战斗机是格鲁曼公司研制的舰载机，在二战中后期是美国海军舰载机的主力机型。该机于1938年开始研制，1942年6月首次试飞，1943年9月正式服役，最后一架F6F战斗机于1945年11月交付。F6F战斗机有多种型号，包括F6F-3、F6F-3N/E、F6F-5、F6F-5N/E、F6F-5P等。

F6F战斗机的基本武器是6挺勃朗宁M2重机枪。后来的改装令F6F战斗机能够挂载907千克炸弹，或者携带568升的附加油箱。机翼也可装上共6支166毫米火箭，攻击地面目标。二战中，F6F战斗机对日本战斗机的击落比率高达19：1。

因为F6F战斗机的设计较为保守，无法有效提高性能，所以二战末期在美军航空母舰上的F6F战斗机开始用已解决航空母舰降落问题的F4U战斗机进行替换，战争结束后以更优秀的F8F战斗机取代，F6F战斗机大多退居二线作为训练用。

制造商: 格鲁曼公司		
服役时间: 1943~1960年		
舰载机类型: 单座单发战斗机		
动力装置: 1台普惠R-2800-10W发动机		
固定武器: 6挺12.7毫米重机枪或2门20毫米机炮		
总产量: 12275架		

基本参数	
机身长度	10.24米
机身高度	3.99米
翼展	13.06米
空重	4190千克
最高速度	610千米/小时

美国F-4"鬼怪"Ⅱ战斗机

制造商:	麦克唐纳公司
服役时间:	1960~1996年
舰载机类型:	双座双发战斗机
动力装置:	2台通用电气J79发动机
固定武器:	1门20毫米M61A1"火神"机炮
总产量:	5195架

基本参数	
机身长度	19.2米
机身高度	5米
翼展	11.7米
空重	13757千克
最高速度	2370千米/小时

F-4"鬼怪"Ⅱ（F-4 Phantom Ⅱ）战斗机是麦克唐纳公司研制的双发重型防空战斗机，是美国极为少见的同时在海军和空军服役的战斗机。该机是20世纪70~80年代美国空军和海军的主力战斗机，其生产工作一直到持续到1981年。

F-4战斗机的机身为全金属半硬壳式结构，分为前、中、后三段。机身前段主要包括座舱、前起落架舱和电子设备舱，中段有发动机舱和油箱舱，靠近发动机的结构大量采用钛合金。由于当时还没有在战斗机机体上采用较多比例的复合材料，F-4战斗机的重量居高不下，对飞行性能有着负面影响。

F-4战斗机不但空战性能优异，对地攻击能力也很强。该机装有1门20毫米M61A1"火神"机炮，9个外挂点的最大载弹量达8480千克，可搭载普通航空炸弹、集束炸弹、电视和激光制导炸弹、火箭弹等。该机的缺点是大迎角机动性能欠佳，高空和超低空性能略差，起降时对跑道要求较高。

▲ F-4"鬼怪"Ⅱ战斗机

小 知 识

F-4战斗机在1959~1962年之间创造了15项飞行世界纪录，包括绝对速度纪录和绝对飞行高度纪录。

美国F-6"天光"战斗机

| 制造商：道格拉斯公司 |
| 服役时间：1956~1964年 |
| 舰载机类型：单座单发战斗机 |
| 动力装置：1台普惠 J57发动机 |
| 固定武器：4门20毫米柯尔特M12机炮 |
| 总产量：422架 |

基本参数	
机身长度	13.8米
机身高度	3.96米
翼展	10.21米
空重	7268千克
最高速度	1162千米/小时

F-6"天光"（F-6 Skyray）战斗机是道格拉斯公司研制的单座单发三角翼超音速喷气式舰载战斗机，最初编号为F4D-1。该机是一种脱胎于二战末期德国设计理念的舰载战斗机，是美国海军第一种超音速战斗机。由于武器装备不足和发动机性能不佳，F-6战斗机的服役时间非常短暂。

F-6战斗机采用圆滑的三角机翼，单垂直尾翼，没有水平尾翼；整个外翼段以及部分内翼可向机身折叠，并且装有前缘缝翼和后缘襟翼；发动机进气口位于机身两侧驾驶舱后，进气口为固定式三角结构；左右机身翼根后共设有4个液压驱动的气动刹车，分别安置在机身的上部与底部。在两侧发动机喷口上还装有调螺距器控制面；垂尾上装有两段式的方向舵。

F-6战斗机具有极佳的机动性，爬升性能尤为出众。该机的固定武器为4门20毫米柯尔特M12机炮，每门备弹70发。不过，由于4门机炮的炮口过于靠近，机炮经常被拆除。后期生产型共有7个挂架，共可挂载1800千克外挂物，包括副油箱、火箭发射巢和导弹等。

小 知 识

1954年6月5日，首架生产型F6战斗机首次试飞，并在平飞中就突破了音障，成为美国海军第一种在水平飞行中超过音速的作战飞机。

美国F-8"十字军"战斗机

制造商：沃特飞机公司

服役时间：1957~1976年

舰载机类型：单座单发战斗机

动力装置：1台普惠J57发动机

固定武器：4门20毫米柯尔特Mk 12机炮

总产量：1219架

基本参数

机身长度	16.53米
机身高度	4.8米
翼展	10.87米
空重	7956千克
最高速度	1975千米/小时

F-8"十字军"（F-8 Crusader）战斗机是沃特飞机公司研制的超音速舰载战斗机，最初编号为F8U，1962年因美国海军、空军统一航空器编号，更名为F-8战斗机。该机事故率低，机动性能好，在20世纪50年代末至60年代中期是美国海军的主力舰载战斗机。

F-8战斗机的机身修长，中部有较明显的蜂腰设计，主要材料采用铝合金，1/4的蒙皮是铝镁合金，主要承力部件和发动机燃烧室附近还使用了1948年才开始普及的钛合金。除了航电设备、座舱、武器舱和起落架外，进气道、发动机和油箱占了机内大部分空间。F-8战斗机的内部油量达到5300升，巡逻任务时可以留空3小时。如果接受空中加油，航程还将大幅度提高，机身左侧的鼓包就是受油装置的整流罩。

F-8战斗机装有4门20毫米柯尔特Mk 12机炮，每门备弹125发。机身两侧各有两个武器挂架，可挂载4枚"响尾蛇"空对空导弹，也可挂载8枚127毫米"阻尼"火箭弹。

小知识

F-8战斗机是美国研制的最后一种以机炮为主要武器的飞机，所以F-8战斗机的飞行员们常称自己为"最后的枪手"（The Last of the Gunfighters）。

美国F-11"虎"式战斗机

| 制造商：格鲁曼公司 |
| 服役时间：1956~1961年 |
| 舰载机类型：单座单发战斗机 |
| 动力装置：1台莱特J65发动机 |
| 固定武器：4门20毫米柯尔特Mk 12机炮 |
| 总产量：200架 |

基本参数	
机身长度	14.3米
机身高度	4米
翼展	9.6米
空重	6277千克
最高速度	1170千米/小时

F-11"虎"（F-11 Tiger）战斗机是格鲁曼公司研制的舰载战斗机，曾短暂作为航空母舰舰载机服役，后改为训练机和表演用机。

F-11战斗机的机身为圆筒形，后掠中单翼翼型较薄、弦线较窄，机身在机翼安装位置明显变窄，以符合面积律。进气口位于机身两侧、座舱右下方。飞行员座舱在机头的安装位置相当靠前，座舱盖向后滑动开启。尖削、下倾的机头为飞行员提供了良好的前视视野，这对于在航空母舰上安全降落至关重要。双轮前起落架向后收入前机身，单轮主起落架则收入机身起落架舱。为防止降落时，因无意中过度拉起机头而损伤后机身，还安装了可收放尾橇。

F-11战斗机与F-8战斗机几乎同时进入美国海军服役，F-8战斗机的速度比F-11战斗机快得多，作为武器平台更令人满意。虽然F-11战斗机的海平面速度快于F-8战斗机，操纵性能也更好，但它在10000米高度的速度比F-8战斗机慢得多，爬升率和作战半径也稍逊一筹。此外，莱特J65发动机的可靠性也一直不佳，而且当时它已经达到了潜能的极限，这也注定了F-11战斗机的服役时间不会很长。

小 知 识

F-11战斗机曾在下列航空母舰上短暂服役："游骑兵"号（CV-61）、"勇猛"号（CV-11）、"萨拉托加"号（CV-60）、"福莱斯特"号（CV-59）和"好人理查德"号（CV-31）。

美国F-14"雄猫"战斗机

制造商：格鲁曼公司
服役时间：1974~2006年
舰载机类型：双座双发战斗机
动力装置：2台通用电气F110-GE-400发动机
固定武器：1门20毫米M61机炮
总产量：712架

F-14"雄猫"（F-14 Tomcat）战斗机是格鲁曼公司研制的舰载战斗机，专门负责以航空母舰为中心的舰队防卫任务。

F-14战斗机采用双发双垂尾中单翼布局，机头略微向下倾，有利于扩大飞行员的视界。座舱前后纵列布置，飞行员在前，雷达官在后，机背以小角度向后延伸，然后和主机身平行融合。机身两侧进气，采用当时流行的斜切矩形进气口，以提高大迎角性能。机身为全金属半硬壳式结构，采用机械加工框架，钛合金主梁及轻合金应力蒙皮。前机身由机头和座舱组成，停机时机头罩可向上折起。中机身是简单的盒形结构，可以贮油。后机身从前至后变薄，尾部装外伸的排油管。F-14战斗机的机体结构中有25%的钛合金、15%的钢、36%的铝合金、4%的非金属材料和20%的复合材料。

F-14战斗机的固定武器为1门20毫米M61机炮，10个外挂点可搭载AIM-54"不死鸟"、AIM-7"麻雀"和AIM-9"响尾蛇"等空对空导弹，以及联合直接攻击弹药、Mk 80系列常规炸弹、Mk 20"石眼"集束炸弹、"铺路"系列激光制导炸弹等武器。该机装备了AN/AWG-9远程火控雷达系统，可在140千米的距离锁定敌机。

基本参数	
机身长度	19.1米
机身高度	4.88米
翼展	19.55米
空重	19838千克
最高速度	2485千米/小时

▲ F-14"雄猫"战斗机

小知识

F-14战斗机装备了当时独有的资料链，可将雷达探测到的资料与其他F-14战斗机分享，其雷达画面能显示其他F-14战斗机探测到的目标。

美国F/A-18"大黄蜂"战斗/攻击机

制造商：	麦克唐纳·道格拉斯公司
服役时间：	1983年至今
舰载机类型：	单座（A/C/E型）/双座（B/D/F型）双发战斗/攻击机
动力装置：	2台通用电气F404-GE-400发动机
固定武器：	1门20毫米M61A1机炮
总产量：	1480架

基本参数

机身长度	18.31米
机身高度	4.88米
翼展	13.62米
空重	14552千克
最高速度	1915千米/小时

　　F/A-18"大黄蜂"（F/A-18 Hornet）战斗/攻击机是美国专门针对航空母舰起降而开发的对空/对地全天候多功能舰载机，1983年1月开始服役。

　　F/A-18战斗/攻击机的机身采用半硬壳结构，主要采用轻合金，增压座舱采用破损安全结构，后机身下部装有着舰用的拦阻钩。机翼为悬臂式的中单翼，后掠角不大，前缘装有全翼展机动襟翼，后缘内侧有液压动作的襟翼和副翼。尾翼也采用悬臂式结构，平尾和垂尾均有后掠角，平尾低于机翼。起落架为前三点式，前起落架上有供弹射起飞用的牵引杆。采用气密、空调座舱，内装弹射座椅。

　　F/A-18战斗/攻击机的主要特点是可靠性和维护性好，生存能力强，大仰角飞行性能好以及武器投射精度高。该机的固定武器为1门20毫米M61A1机炮，F/A-18A/B/C/D型有9个外挂点，其中翼端2个、翼下4个、机腹3个，外挂载荷最高可达6215千克。F/A-18E/F型的外挂点有所增加，不但能携带更多的武器，而且可外挂5个副油箱，并具备空中加油能力。

▲ F/A-18"大黄蜂"战斗/攻击机

小知识

　　1985年2~8月，F/A-18战斗/攻击机进行了第一次作战巡航行动，美国海军第25、第113攻击机中队部署在"星座"号航空母舰上，前往西太平洋和印度洋地区执行任务。

美国F-35C"闪电"Ⅱ战斗机

制造商：洛克希德·马丁公司
服役时间：2019年至今
舰载机类型：单发单座战斗机
动力装置：1台普惠F135发动机
固定武器：1门25毫米GAU-12/A"平衡者"机炮
总产量：38架以上

F-35C"闪电"Ⅱ（F-35C Lightning Ⅱ）战斗机是F-35系列战斗机中的航母舰载型，主要装备美国海军。与F-35A（传统跑道起降型）和F-35B（垂直/短距起降型）相比，F-35C加大了主翼及垂直尾翼的面积，以确保低速时的安全性。为了节省舰上空间，F-35C的机翼可以折叠。

F-35C战斗机装有1门25毫米GAU-12/A"平衡者"机炮，备弹180发。除机炮外，F-35C还可以挂载AIM-9X、AIM-120、AGM-88、AGM-154、AGM-158、海军打击导弹、远程反舰导弹等多种导弹武器，并可使用联合直接攻击炸弹、风修正弹药撒布器、"铺路"系列制导炸弹、GBU-39小直径炸弹、Mk 80系列无导引炸弹、CBU-100集束炸弹、B61核弹等，火力十分强劲。

F-35C战斗机能提高整个航母战斗群的作战效能，发挥"力量倍增"器的作用。例如它可以凭借隐身能力前沿部署，通过数据链向其他平台分享情报，这样F/A-18"大黄蜂"战斗/攻击机机或者"阿利·伯克"级驱逐舰发射导弹后，可由前方的F-35战斗机提供制导信息。依靠F-35C的帮助，美军舰艇发射的"标准"Ⅵ防空导弹可以攻击大约400千米范围内掠海飞行的目标。

基本参数

机身长度	15.7米
机身高度	4.48米
翼展	13.1米
空重	15686千克
最高速度	1960千米/小时

▲ F-35C战斗机离舰起飞

小知识

虽然美国是F-35系列战斗机主要的购买国与资金提供者，但英国、意大利、荷兰、加拿大、挪威、丹麦、澳大利亚和土耳其也为研发计划提供了43.75亿美元经费。

美国A-1"天袭者"攻击机

| 制造商：道格拉斯公司 |
| 服役时间：1946~1985年 |
| 舰载机类型：单座单发攻击机 |
| 动力装置：1台莱特R-3350-26WA发动机 |
| 固定武器：2门20毫米AN/M3机炮 |
| 总产量：3180架 |

基本参数	
机身长度	11.84米
机身高度	4.78米
翼展	15.25米
空重	5429千克
最高速度	518千米/小时

A-1"天袭者"（A-1 Skyraider）攻击机是道格拉斯公司研制的单座螺旋桨攻击机，原型机于1945年1月试飞，最初编号为AD-1，此时二战已经基本结束，但AD-1攻击机由于性能可靠、体积较大，具有一定的改进余地，所以未被下马。该机的主要型号有AD-1、AD-2、AD-3、AD-4，到AD-5时，美国三军统一了军用航空器编号，AD-5被重新编号为A-1E。后来又发展了EA-1E预警型、A-1F电子战型、A-1G夜间攻击型，其中A-1H是产量最多的型号，作为全天候攻击机使用。

A-1攻击机装有2门20毫米AN/M3机炮，每门备弹200发。整架飞机共有15个挂架，理论挂载能力6622千克，但是由于外翼段挂架排列紧密，只能挂载小型武器，所以达不到极限挂载能力。出于航空母舰起飞的考虑，A-1攻击机的外挂物载荷被限制在3629千克。

小 知 识

A-1攻击机出自爱德华·海涅曼博士的精心设计，他是美国航空界的"怪杰"，自1926年出任道格拉斯公司的工程师以来，纵横世界航空科技近40年，其间美国海军、空军的著名攻击机多半出自他手。

美国A-2"野蛮人"攻击机

制造商：北美飞机公司

服役时间：1950~1960年

舰载机类型：三座三发攻击机

动力装置：2台普惠R-2800-44W发动机、1台艾利森J33-A-10发动机

固定武器：无

总产量：143架

基本参数

机身长度	19.2米
机身高度	6.2米
翼展	21.8米
空重	12500千克
最高速度	758千米/小时

A-2"野蛮人"（A-2 Savage）攻击机是北美飞机公司研制的舰载攻击机，最初编号为AJ-1，1950年8月底在美国海军"珊瑚海"号航空母舰的甲板上起降成功。由于喷气式新机种陆续研发成功，AJ-1系列仅少数服役美国海军。1962年，美国海军分别授予A-2A（AJ-1）及A-2B（AJ-2/AJ-2P）两种统一的新编号。

A-2攻击机是三座三发混合动力舰载重型攻击机，采用上单翼型平直单翼设计，左右主翼自中段起可向上折叠，翼尖加装辅助油箱。

A-2攻击机没有安装防御性固定武器，机腹下有大型内藏闭合式弹舱，可搭载核武器，平时也可搭载常规深水炸弹、反潜火箭等武器装备。

小知识

1945年8月13日，第一颗原子弹落在广岛一周后，美国海军举办了一场有效载荷为10000磅的舰载攻击机竞赛——这是投在长崎的以钚为原料的"胖子"原子弹的质量。北美飞机公司的NA-146设计被选中作为此次竞赛的胜出者，也就是A-2攻击机。

美国A-3"空中战士"攻击机

| 制造商：道格拉斯公司 |
| 服役时间：1956~1991年 |
| 舰载机类型：三座双发攻击机 |
| 动力装置：2台普惠J57-P-10发动机 |
| 固定武器：2门30毫米M3L机炮 |
| 总产量：282架 |

基本参数	
机身长度	23.27米
机身高度	6.95米
翼展	22.1米
空重	17876千克
最高速度	982千米/小时

  A-3"空中战士"（A-3 Skywarrior）攻击机是道格拉斯公司研制的舰载攻击机，原型机于1952年10月试飞成功，编号为A3D-1。1954年，换装推力更大的J57涡轮喷气发动机的A3D-2交付使用。美国三军统一军用航空器编号之后，重新编号为A-3。如果从最初的研制目标来看，A-3项目并不算成功，但是超大的机体为它带来了持续的生命力，美国海军在其基础上发展出EA-3电子战飞机、RA-3侦察机、KA-3空中加油机等多种改型。

  A-3攻击机使用结构极为坚实的上肩式后掠单翼，以适应两台普惠J57涡轮喷气发动机的配置方式及长距离飞行的要求。该机装有2门30毫米M3L机炮，并可携带5800千克炸弹。作为美国海军航空母舰上体积较大的作战飞机之一，A-3攻击机可以投掷核弹。在美国海军"北极星"导弹核潜艇服役前，A-3攻击机一直是美国海军核打击能力的主要力量。

小知识

  虽然A-3以攻击机"A"为编号，但实际上已经具备轰炸机的性能。在1952年10月原型机升空试飞之前，美国空军也要求加造改装的原型机，日后衍生成为B-66战术轰炸机系列。

美国A-4"天鹰"攻击机

制造商：道格拉斯公司
服役时间：1956~2003年
舰载机类型：单发单座攻击机
动力装置：1台普惠J52-P-6A发动机
固定武器：2门20毫米Mk 12机炮
总产量：2960架

基本参数	
机身长度	12.22米
机身高度	4.57米
翼展	8.38米
空重	4750千克
最高速度	1083千米/小时

　　A-4"天鹰"（A-4 Skyhawk）攻击机是道格拉斯公司研制的单发单座舰载攻击机，最初编号为XA4D-1。该机的主要用户为美国海军和美国海军陆战队，并出口到巴西、新加坡、阿根廷、以色列等国家。

　　A-4攻击机采用下单翼布局，采用三角形机翼，由于翼展较短，所以就免去了机翼折叠机构，节省了不少重量并简化了结构。该机装有常规倒T形尾翼，平尾可以电动调整安装角，以便在飞行中调整配平。三角形机翼内部形成一个单体盒状结构，并安装有内部油箱。后机身两侧各装有一片大型减速板。

　　A-4攻击机执行攻击任务时，最大作战半径可达530千米。机头左侧带有空中受油设备，在进行空中加油之后，作战半径和航程都有较大提升。A-4攻击机的机翼根部下侧装有2门20毫米Mk 12机炮，每门备弹200发。机身和机翼下共有5个外挂点，可挂载常规炸弹、火箭、空对地导弹和空对空导弹，最大载弹量4150千克。

▲ A-4"天鹰"攻击机

小知识

　　1955年10月26日，一架早期生产型A-4攻击机在爱德华空军基地上空500千米圆周航线上飞出了1118.67千米/小时的世界速度纪录。

美国A-5"民团团员"攻击机

制造商：北美飞机公司
服役时间：1961~1979年
舰载机类型：双座双发攻击机
动力装置：2台J79-GE-10发动机
固定武器：无
总产量：167架

基本参数	
机身长度	23.32米
机身高度	5.91米
翼展	16.16米
空重	14870千克
最高速度	2123千米/小时

　　A-5"民团团员"（A-5 Vigilante）攻击机是北美飞机公司研制的超音速攻击机，原型机于1958年首次试飞，1961年开始交付部队使用，1970年停止生产。由于低空性能较差，载弹方式也比较单一，适应不了常规局部战争的需要，因此A-5攻击机从1964年起就逐渐退役，后来主要用作战术侦察机。

　　A-5攻击机使用的新技术包括机翼采用铝锂合金、关键部位使用钛合金部件、可调节飞机进气道、风挡采用具有延展性的丙烯酸树脂、可伸缩的空中加油管、两名飞行员分坐在两个独立座舱。该机还配有北美飞机公司自己研制的HS火箭弹射座椅，每个飞行员都可以同时控制两人的弹射座椅，如果需要，后面的飞行员可以单独控制自己的弹射座椅。

　　根据设计要求，A-5攻击机实际上是一种超音速核轰炸机，也是美国最大最重的舰载机，其最大载弹量达5.2吨，最大起飞重量近32吨。尽管采用了下垂前缘和吹气襟翼等增升措施，仍然只能在吨位较大的中途岛级航空母舰上起降。

> **小知识**
>
> 　　A-5攻击机采用的电子设备包括北美飞机公司研制的AN/ASB-12轰炸指示系统，以及北美飞机公司奥托纳提克斯分公司研制的多普勒-惯性组合导航系统（REINS）、自动飞行控制系统，可以自动完成导航、轰炸和驾驶任务，具有全天候出动能力。

美国A-6"入侵者"攻击机

| 制造商：格鲁曼公司 |
| 服役时间：1963~1997年 |
| 舰载机类型：双座双发攻击机 |
| 动力装置：2台普惠J52-P8B发动机 |
| 固定武器：无 |
| 总产量：693架 |

基本参数	
机身长度	16.64米
机身高度	4.75米
翼展	16.15米
空重	12525千克
最高速度	1040千米/小时

A-6"入侵者"（A-6 Intruder）攻击机是格鲁曼公司研制的双发亚音速重型舰载攻击机，1960年4月第一架原型机试飞成功，1963年2月生产型开始服役。

A-6攻击机的机身为普通全金属半硬壳结构，装两台发动机的机身腹部向内凹。后机身两侧有减速板，由于打开时处于发动机喷气流中，减速板由不锈钢制成。机翼为悬臂式全金属中单翼，后掠角为25度，有液压操纵的全翼展前缘襟翼和后缘襟翼。起落架为可收放前三点式，前起落架为双轮式，向后收起，主起落架为单轮式，向前然后向内收入进气道整流罩内，后机身腹部有着陆钩。

A-6攻击机主要用于低空高速度突防，对敌方纵深目标实施攻击。该机能携带8200千克各种大小的对地攻击武器，但没有安装固定机炮。除传统攻击能力外，A-6攻击机在设计上也具有携带并发射核武器的能力。A-6攻击机能够在任何恶劣的天气中以超低空飞行，穿过敌方的搜索雷达网，正确地摧毁敌军阵地、目标。

▲ A-6"入侵者"攻击机

小 知 识

1986年3月的"草原烈火"行动中，从"美利坚"号航空母舰上起飞的2架A-6攻击机用"鱼叉"反舰导弹击沉了利比亚军一艘战士级导弹快艇。

美国A-7"海盗"Ⅱ攻击机

制造商：沃特飞机公司
服役时间：1967~1991年
舰载机类型：单座单发战斗机
动力装置：1台艾利森TF41-A-2发动机
固定武器：1门20毫米M61"火神"机炮
总产量：1569架

A-7"海盗"Ⅱ（A-7 Corsair Ⅱ）攻击机是沃特飞机公司研制的单座战术攻击机，1965年9月27日首次试飞，1965年11月10日正式命名为"海盗"Ⅱ，以表彰沃特飞机公司在二战时期研制了著名战斗机F4U"海盗"。

A-7攻击机是一种上单翼单座战术攻击机，进气口位于机头雷达罩下方。后掠式机翼有明显的下反角，水平尾翼有上反角，垂直尾翼上端切去一角，以降低机身高度，便于在航空母舰上停放。机身为全金属半硬壳式，机身上的舱门和检查口盖比较多，便于维护。中机身下侧有一块大减速板。油箱、发动机及座舱部位的机身下侧均有防护装甲。主起落架是单轮式，向前收起放在机身两侧的轮舱内。前起落架为双轮式，向后收起。

基本参数

机身长度	14.06米
机身高度	4.9米
翼展	11.8米
空重	8676千克
最高速度	1111千米/小时

A-7攻击机的固定武器为1门20毫米M61"火神"机炮，备弹1030发。机身座舱下方两则各有1个能挂227千克载荷的导弹挂架，一般只能挂空对空导弹或空对地导弹。机翼下共有6个挂架，可以选挂炸弹、核弹、火箭弹或电子干扰舱、机炮舱、副油箱等，靠内侧的挂架可挂1134千克的载荷，外侧的两个挂架均可挂1587千克的载荷。

▲ A-7"海盗"Ⅱ攻击机

小知识

A-7攻击机原来仅针对美国海军航空母舰设计，但因其性能优异，后来也获美国空军及美国空中国民警卫队接纳，以取代A-1攻击机、F-100战斗轰炸机和F-105战斗轰炸机。

美国AV-8B"海鹞"Ⅱ攻击机

制造商：麦克唐纳·道格拉斯公司
服役时间：1985年至今
舰载机类型：单座单发攻击机
动力装置：1台罗尔斯·罗伊斯F402-RR-408发动机
固定武器：1门25毫米GAU-12U机炮
总产量：337架

AV-8B"海鹞"Ⅱ（AV-8B Harrier Ⅱ）攻击机是麦克唐纳·道格拉斯公司生产的舰载垂直/短距起降攻击机，1981年11月首次试飞，1985年正式服役。

AV-8B攻击机采用悬臂式上单翼，机翼后掠，翼根厚，翼稍薄。机翼下装有下垂副翼和起落架舱，两翼下各有一个较小的辅助起落架，轮径较小，起飞后向上折叠。AV-8B攻击机在减重上下了很大的功夫，其中采用复合材料主翼是主要改进项目之一。据估计，以复合材料制造的主翼要比金属制造的同样主翼轻了150千克。AV-8B攻击机的机身前段也使用了大量的复合材料，减掉了大约68千克的质量。其他采用复合材料的部分包括升力提升装置、水平尾翼、尾舵，只有垂直尾翼、主翼与水平尾翼的前缘及翼端、机身中段及后段等处使用金属材料。

AV-8B攻击机安装了前视红外探测系统、夜视镜等夜间攻击设备，夜间战斗能力很强。该机的起飞滑跑距离不到F-16战斗机的1/3，适于前线使用。AV-8B攻击机的机身下有两个机炮/弹药吊舱，其中一个吊舱装有1门25毫米GAU-12U机炮，备弹300发。该机还有7个外部挂架，可挂载AIM-9L"响尾蛇"导弹、AGM-65"小牛"导弹，以及各类炸弹和火箭弹。

基本参数	
机身长度	14.12米
机身高度	3.55米
翼展	9.25米
空重	6745千克
最高速度	1083千米/小时

▲ AV-8B"海鹞"Ⅱ攻击机

小知识

1991年海湾战争中，美国海军在沙特阿拉伯部署了60架AV-8B攻击机，参与了对伊拉克的空袭。

美国S-2"搜索者"反潜机

制造商：格鲁曼公司

服役时间：1954年至今

舰载机类型：四座双发反潜机

动力装置：2台莱特R-1820-82WA发动机

固定武器：无

总产量：1284架

基本参数

机身长度	13.26米
机身高度	5.33米
翼展	22.12米
空重	8310千克
最高速度	450千米/小时

S-2"搜索者"（S-2 Tracker）反潜机是格鲁曼公司研制的舰载双发反潜机，1952年12月4日首次试飞，1954年开始在美国海军服役，是美国海军在20世纪50~70年代的主要舰载反潜机。该机有多种型别，除装备美国海军外，还出口巴西、日本、加拿大、阿根廷等国家。

S-2反潜机是一种集搜索与攻击于一身的反潜作战飞机，可以挂载鱼雷与深水炸弹。该机装有2台莱特R-1820-82WA发动机，反潜设备为AN/APS-38对海雷达与AQS-10磁异侦测器，雷达可侦测到16~32千米距离外的潜艇呼吸管，磁异侦测器则装在机尾一根可伸缩4.8米的长杆上，可以侦测300米深的异常磁场信号。电子战设备为AN/APA-69干扰器，安装在驾驶舱上方。

小 知 识

英国和阿根廷的马岛战争时期，阿根廷海军曾将S-2反潜机部署于"五月二十五日"号航空母舰上。

美国S-3"维京"反潜机

| 制造商：洛克希德公司 |
| 服役时间：1974~2016年 |
| 舰载机类型：四座双发反潜机 |
| 动力装置：2台通用电气TF34-GE-2发动机 |
| 固定武器：无 |
| 总产量：188架 |

　　S-3"维京"（S-3 Viking）反潜机是洛克希德公司（现洛克希德·马丁公司）研制的双发喷气式反潜机，1972年1月首次试飞，1974年2月开始交付美国海军使用。

　　S-3反潜机采用悬臂式上单翼，在内翼下吊装2台涡轮风扇发动机，位置比较靠近机身，以便使用1台发动机进行巡航飞行，从而节省油耗。机身为全金属半硬壳式破损安全结构，分隔式武器舱带有蚌壳式舱门。外段机翼和垂直尾翼可折叠，以便于舰载。机身有两条平行的纵梁，自前起落架接头处一直伸展到着陆拦阻钩处，弹射起飞和拦阻着舰时通过这两个梁将载荷均匀分布到机身上，此梁在水上迫降或机身着舰时，起保护乘员的作用。可碎玻璃座舱盖在机身顶部，以便于应急情况下弹射乘员。机组成员共4人，分别是前舱的正副驾驶员和后舱的战术协调员、声呐员。

　　S-3反潜机采用AN/ALR-47型ECM电子战系统，具有电子支援（ESM）、电子情报收集（ELINT）、雷达侦测（RWR）三种功能。该机的分隔式武器舱内备有BRU-14/A炸弹架，可装4枚Mk 36空投水雷、4枚Mk 46鱼雷、4枚Mk 82炸弹、2枚Mk 57或4枚Mk 54深水炸弹，或者装4枚Mk 53水雷。BRU-11/A炸弹架安装在两翼下外挂架上，可带SUU-44/A照明弹发射器，Mk 52、Mk 55或Mk 56水雷，Mk 20集束炸弹，Aero 1D副油箱，或2具LAU-68A、LAU-61/A、LAU-69/A或LAU-10A/A火箭巢。

基本参数

机身长度	16.26米
机身高度	6.93米
翼展	20.93米
空重	12057千克
最高速度	828千米/小时

▲ S-3"维京"反潜机

小 知 识

　　2003年5月1日，时任美国总统小布什在圣迭戈登上S-3反潜机副驾驶位置，降落在"林肯"号航空母舰上，随后向全世界宣布伊拉克战争大规模作战行动结束。

美国E-2"鹰眼"预警机

制造商：诺斯洛普·格鲁曼公司
服役时间：1964年至今
舰载机类型：双发预警机
动力装置：2台罗尔斯·罗伊斯T56-A-427A发动机
固定武器：无
总产量：200架以上

基本参数

机身长度	17.54米
机身高度	5.58米
翼展	24.56米
空重	18090千克
最高速度	626千米/小时

E-2"鹰眼"（E-2 Hawkeye）预警机是诺斯洛普·格鲁曼公司研制的舰载预警机，1964年1月开始服役。E-2预警机是美国海军目前唯一使用的舰载预警机，也是世界上产量最大、使用国家最多的预警机。

E-2预警机的第一种量产型号为E-2A，1964年1月交付美国海军。1969年2月，改良型E-2B首次试飞。1973年，改良幅度更大的E-2C入役。20世纪90年代末期，E-2C又推出新的改良型，称为E-2C"鹰眼2000"。此后，美国海军又提出了"先进鹰眼"计划，推出了E-2D。

早期的E-2预警机（E-2A）使用AN/APS-96雷达，探测距离约200千米，可同时追踪250个目标。之后，E-2预警机陆续换装了AN/APS-111（E-2B使用，具备内陆操作能力）、AN/APS-120（E-2C使用，配备新的强化稳定性发射机、自动探测器和拥有恒定误警率电路的系统计算机）、AN/APY-9（E-2D使用）等新型雷达，性能进一步提升。E-2C还加装了AN/ALR-59（后来升级为AN/ALR-73）被动探测系统。与水面船舰的雷达相比较，E-2预警机不受地形与地平线造成的搜索范围限制，而居高临下的搜索方式使得任何空中的敌机或导弹都无所遁形。

▲ E-2"鹰眼"预警机

小 知 识

20世纪50年代，福莱斯特级航空母舰陆续进入美国海军服役，该舰能搭载更大型的舰载机，因此美国海军开始规划功能更强大的新一代舰载空中管制预警机，整合当时尚在建构的海军战术资料系统（NTDS），这就是E-2系列预警机的由来。

美国EA-6"徘徊者"电子战飞机

EA-6"徘徊者"（EA-6 Prowler）电子战飞机是格鲁曼公司（现诺斯洛普·格鲁曼公司）研制的舰载双发电子战飞机，由A-6攻击机改进而来，主要有A型和B型两种型号。

EA-6A电子战飞机与A-6攻击机在外观上最大的差异是前者加装在垂直安定面顶部的荚舱，用来容纳ALQ-86接收机/侦测系统所使用的30个天线。此外，两边机翼的空气刹车面也被取消。原先A-6机身内部支援对地攻击的航空电子系统大部分都被拆除，不过有限度的全天候轰炸能力仍被保留。EA-6B大幅改进了EA-6A的设计，加长了机身，机组成员由2名增加到4名，其中1名为飞行员，另外3名为电子对抗装备操作员。

EA-6电子战飞机的核心是AN/ALQ-99战术干扰系统，同时还可以携带5个外挂电子干扰吊舱。每个吊舱装有两个干扰收发机，干扰机可干扰7个波段中的一个。每个吊舱可自行独立供电，由吊舱前端的气动风扇驱动发电机供电。EA-6电子战飞机能根据任务组合携带吊舱、副油箱和AGM-88"哈姆"反雷达导弹。该机垂尾上的整流罩内装有灵敏的监视天线，能够探测到远方的雷达辐射信号。各种信号由中央任务计算机处理，探测、识别、定向和干扰频率设定可自动完成，也可由机组人员执行。

▲ EA-6"徘徊者"电子战飞机

制造商：	格鲁曼公司
服役时间：	1971~2019年
舰载机类型：	双发电子战飞机
动力装置：	2台普惠J52-P-408A发动机
固定武器：	无
总产量：	191架

基本参数

机身长度	17.7米
机身高度	4.9米
翼展	15.9米
空重	15450千克
最高速度	1050千米/小时

小知识

在海湾战争中，EA-6B、EF-111A和F-4G三种电子战飞机一起组成联合编队，近距离压制地面防空火力的制导、瞄准系统和通信指挥控制系统。

美国EA-18G"咆哮者"电子战飞机

制造商：	波音公司、诺斯洛普·格鲁曼公司
服役时间：	2009年至今
舰载机类型：	双发电子战飞机
动力装置：	2台通用电气F404-GE-400发动机
固定武器：	无
总产量：	150架以上

基本参数

机身长度	18.31米
机身高度	4.88米
翼展	13.62米
空重	15011千克
最高速度	1900千米/小时

EA-18G"咆哮者"（EA-18G Growler）电子战飞机是以F/A-18F"超级大黄蜂"战斗/攻击机为基础改装而来的电子战飞机，波音公司是主承包商，诺斯洛普·格鲁曼公司负责集成电子战套件。

EA-18G电子战飞机与F/A-18F战斗/攻击机保持了90%的共通性，最大的改动在电子设备上，这无疑能大大降低后勤保障的压力，也节省了飞行员完成新机改装训练所需的时间与费用。EA-18G电子战飞机的机身采用半硬壳结构，主要采用轻合金，增压座舱采用破损安全结构。机头右侧上方装有可收藏的空中加油管。起落架为前三点式，前起落架上有供弹射起飞用的牵引杆。

作为F/A-18E/F战斗/攻击机的衍生机型，EA-18G电子战飞机具有与前者相同的机动性能，也具备F/A-18E/F战斗/攻击机的作战能力，因此完全可以胜任随队电子支援任务。EA-18G电子战飞机拥有强大的电磁攻击能力，凭借诺斯洛普·格鲁曼公司为其设计的ALQ-218V(2)战术接收机和新的ALQ-99战术电子干扰吊舱，它可以高效地压制敌方的防空导弹雷达系统。该机可挂载和投放多种武器，其中包括AGM-88"哈姆"反辐射导弹和AIM-120空对空导弹，虽然EA-18G电子战飞机没有内置机炮，但其具备相当的空战能力，不仅足以自卫，甚至可以执行护航任务。

▲ EA-18G"咆哮者"电子战飞机

小知识

EA-18G电子战飞机的AN/APG-79型机载雷达由雷锡恩公司设计制造，这种具备电子对抗能力的雷达采用了与第五代战斗机F-22、F-35战斗机相同的有源电扫阵列技术。

美国C-2"灰狗"运输机

制造商	格鲁曼公司
服役时间	1966年至今
舰载机类型	双发运输机
动力装置	2台艾利森T56-A-425发动机
固定武器	无
总产量	56架

C-2"灰狗"（C-2 Greyhound）运输机是格鲁曼公司（现诺斯洛普·格鲁曼公司）研制的舰载双发运输机，主要用于航空母舰舰上运输任务。

C-2运输机是E-2"鹰眼"预警机的衍生型号，它的研制是为了取代由活塞发动机推动的C-1"商人"运输机。1964年11月18日，两架由E-2预警机改装而成的原型机试飞成功。1966年，第一个量产机型C-2A开始服役，一共生产了17架。C-2A机队曾于1973年进行全面翻修，以延长其服役期。1984年，改进型C-2A(R)问世，一共生产了39架。21世纪初期，美国海军展开了一项"延寿工程"，使C-2A(R)足以延长服役至2027年。

C-2运输机可提供高达4545千克的有效载荷。机舱可以容纳货物、乘客，或者两者混载，并配置了能够运载伤者、执行医疗护送任务的设备。C-2运输机能在短短几小时内，直接由岸上基地紧急载运需要优先处理的货物（例如战斗机的喷气发动机等）至航空母舰上。大型的机尾坡道、机舱大门和动力绞盘设施，让C-2运输机能在航空母舰上快速装卸物资。

基本参数

机身长度	17.3米
机身高度	4.85米
翼展	24.6米
空重	15310千克
最高速度	635千米/小时

小知识

1985年11月~1987年2月之间，美国海军第24空中运输中队与其配属的7架C-2运输机展示了强大的运输能力，在短短15个月之内，投递了909吨邮件及搭载了14000名乘客，以支援欧洲和地中海战场。

▲ C-2"灰狗"运输机

美国V-22"鱼鹰"倾转旋翼机

制造商：贝尔直升机公司、波音公司
服役时间：2007年至今
舰载机类型：倾转旋翼机
动力装置：2台罗尔斯·罗伊斯T406发动机
固定武器：1挺12.7毫米重机枪
总产量：200架以上

基本参数	
机身长度	17.5米
机身高度	11.6米
翼展	14米
空重	15032千克
最高速度	565千米/小时

V-22"鱼鹰"（V-22 Osprey）倾转旋翼机是贝尔直升机公司和波音公司联合设计制造的倾转旋翼机，主要用于物资运输。该机于20世纪80年代开始研发，1989年3月首飞成功，经历长时间的测试、修改、验证工作后，于2007年6月13日开始服役。

V-22倾转旋翼机是一种将固定翼机和直升机特点融为一体的新型飞行器，既具备直升机的垂直升降能力，又拥有螺旋桨飞机速度较快、航程较远及油耗较低的优点。V-22倾转旋翼机的时速超过500千米，堪称世界上速度最快的直升机。不过，V-22倾转旋翼机也有技术难度高、研制周期长、气动特性复杂、可靠性及安全性低等缺陷。

V-22倾转旋翼机能在大气温度33摄氏度、高度900多米处进行无地效悬停。不过，由于它的螺旋桨直径小于同等重量直升机的旋翼、排气速度较大、桨盘载荷略高于一般直升机，因此垂直起飞和悬停时的效率亦稍逊于直升机。

▲ V-22"鱼鹰"倾转旋翼机

小知识

V-22倾转旋翼机在巡航飞行时，因机翼可产生升力，旋翼转速较低，基本上相当于两副螺旋桨，所以耗油率比传统直升机低。

美国SH-2"海妖"直升机

制造商：	卡曼公司
服役时间：	1962年至今
舰载机类型：	双发反潜直升机
动力装置：	2台通用电气T58-GE-8F发动机
固定武器：	无
总产量：	200架以上

SH-2"海妖"（SH-2 Seasprite）直升机是卡曼公司研制的舰载反潜直升机，1959年7月首次试飞，1962年12月开始服役。该机有UH-2B、UH-2C、HH-2C、HH-2D、SH-2D、SH-2F、SH-2G等多种衍生型。其中，SH-2G是"海妖"系列最后一种改进型，被称为"超海妖"（Super Seasprite）。

SH-2直升机采用卡曼公司101旋翼系统。旋翼桨毂由钛合金制成，旋翼桨叶为全复合材料，桨叶与桨毂固定连接，通过桨叶后缘的调节进行变距。这种旋翼系统改善了机动性，提高了有效载荷，增加了航程和续航时间。

SH-2直升机在机头下方装有LN-66HP大功率水面搜索雷达，机身右侧支架上装有ASQ-81磁异探测器，机身左侧装有15个AN/SSQ-41被动声呐浮标或AN/SSQ-47主动声呐浮标。此外，该直升机还装有AN/APN-182多普勒雷达、AN/APN-171雷达高度表、AN/ARR-52A声呐浮标接收机、AN/AKT-22数据传输线路、ALR-54电子对抗设备、AN/ARN-21导航系统、AN/APX-72敌我识别器、AN/ARA-25测向器、AN/ARC-159甚高频通信设备等电子设备。SH-2直升机可携带1~2枚Mk 46或Mk 50鱼雷，每侧舱门外可安装1挺7.62毫米机枪。

基本参数

机身长度	15.9米
机身高度	4.11米
旋翼直径	13.41米
空重	2767千克
最高速度	261千米/小时

▲ SH-2G"超海妖"直升机

小知识

"海妖"系列直升机的用户较多，包括美国、新西兰、澳大利亚、埃及、秘鲁、波兰等国家，部分国家的SH-2G直升机仍在服役。

美国SH-3"海王"直升机

制造商：西科斯基飞机公司
服役时间：1961~2006年
舰载机类型：双发反潜直升机
动力装置：2台通用电气T58-GE-10发动机
固定武器：无
总产量：350架以上

SH-3"海王"（SH-3 Sea King）直升机是西科斯基飞机公司研制的中型舰载直升机，1959年3月原型机首次试飞，1961年9月开始交付使用。

SH-3直升机的机身为矩形截面、船身造型，能够随时在海面降落。机身左右两侧各设一具浮筒以增加横侧稳定性，后三点式起落架能够收入浮筒及机身尾部。舱内可以放搜索设备或人员、物资，机身侧面设有大型舱门，方便装载。该机配备由5叶旋翼及5叶尾桨组成的全金属旋翼系统，旋翼桨叶由一根铝合金挤压的D形大梁、23块铝合金后段件和桨尖整流罩组成。旋翼桨叶有裂纹检查装置。桨叶可以互换，也可以自动折叠。旋翼桨毂是全铰接式金属结构，旋翼装有刹车装置。尾桨桨叶由铝合金蒙皮、实心前缘金属大梁及蜂窝夹芯结构组成。尾桨桨叶可单独互换。

美国海军装备的SH-3直升机的主要任务为舰队反潜作战，除了侦察与追踪邻近的敌方潜艇之外，必要时也可进行攻击任务。除了反潜之外，SH-3直升机也经常被用于执行搜救、运输、反舰与空中预警等任务。SH-3直升机典型的武器配置为4枚鱼雷、4枚水雷或2枚"海鹰"反舰导弹。该机具有全天候作战能力，可装载2名声呐员，携带声呐设备、深水炸弹和可制导鱼雷等共计380千克的物品，进行4小时以上的海上反潜作业。

基本参数

机身长度	16.7米
机身高度	5.13米
旋翼直径	19米
空重	5382千克
最高速度	267千米/小时

▲ SH-3"海王"直升机

小知识

除美国外，阿根廷、巴西、丹麦、加拿大、印度、伊朗、伊拉克、意大利、日本、马来西亚、秘鲁、沙特阿拉伯、西班牙、委内瑞拉等多个国家也采用了"海王"直升机。

美国SH-60"海鹰"直升机

制造商：	西科斯基飞机公司
服役时间：	1984年至今
舰载机类型：	双发反潜直升机
动力装置：	2台通用电气T700-GE-401C发动机
固定武器：	无
总产量：	400架以上

SH-60"海鹰"（SH-60 Seahawk）直升机是西科斯基飞机公司研制的中型舰载直升机，有SH-60B、CH-60E、SH-60F、HH-60H、SH-60J、MH-60R、MH-60S等多种衍生型，其中SH-60B和SH-60F是使用最广泛的型号。

SH-60直升机与UH-60直升机有83%的零部件是通用的。由于海上作战的特殊性，SH-60直升机的改动比较大，机身蒙皮经过特殊处理，以适应海水的腐蚀。此外，还增加了旋翼刹车系统和旋翼自动折叠系统。SH-60B直升机的平尾比较特别，为方形，而不是UH-60直升机的梯形，可向上折叠竖在垂尾两边。SH-60F直升机是SH-60B直升机的航空母舰操作版本，重新设计了航空电子设备和武器系统。

SH-60直升机的主要反潜武器为2枚Mk 46声自导鱼雷，但在执行搜索任务时，可以将这2枚鱼雷换成2个容量为455升的副油箱。SH-60B直升机和SH-60F直升机的主要区别在于反潜的方法不同：前者主要依赖驱逐舰上的声呐发现敌方潜艇，然后飞近可疑区域对目标精确定位并发起鱼雷攻击；后者则用于航空母舰周围的短距反潜，主要依赖其AQS-13F悬吊声呐探测雷达。

▲ 美国海军SH-60"海鹰"直升机和"卡尔·文森"号航空母舰

基本参数

机身长度	19.75米
机身高度	5.2米
旋翼直径	16.35米
空重	6895千克
最高速度	270千米/小时

小知识

除美国使用外，SH-60直升机还外销到澳大利亚、巴西、丹麦、希腊、日本、韩国、沙特阿拉伯、新加坡、西班牙、泰国、土耳其等多个国家。

苏联雅克-38战斗机

制造商：	雅克列夫设计局
服役时间：	1976~1991年
舰载机类型：	单座三发战斗机
动力装置：	1台图曼斯基R-28 V-300发动机、2台雷宾斯克RD-38发动机
固定武器：	无
总产量：	231架

基本参数

机身长度	16.37米
机身高度	4.25米
翼展	7.32米
空重	7385千克
最高速度	1280千米/小时

雅克-38战斗机是雅克列夫设计局为苏联海军研制的舰载垂直起降战斗机，由雅克列夫设计局于20世纪60年代末开始研制，1971年首次试飞，1976年开始服役，北约代号为"铁匠"（Forger）。除初期型雅克-38外，还有双座型雅克-38U和改良型雅克-38M。20世纪80年代中期，雅克-38战斗机转为陆上使用。1991年，该机被封存（事实上的退役）。

雅克-38战斗机主要用于对地面和海面目标实施低空攻击的侦察，并具有一定的舰队防空能力。该机装有3台发动机，分别为机尾的推进/升举发动机和驾驶舱后方的两台升举发动机。雅克-38战斗机的主翼可以向上折叠，以节省存放空间。该机也有不少缺点，例如机械结构较为复杂，垂直起飞时耗油量较大，且因需要协调3台发动机共同工作，所以故障率较高。

雅克-38战斗机没有固定武器，每侧机翼固定段下面有2个挂架，共可挂2000千克外挂物，包括机炮吊舱（内装23毫米双管GSH-23机炮）、火箭发射架、500千克炸弹、"黑牛"短距空对地导弹、"蚜虫"空对空导弹或副油箱。

小知识

雅克-38战斗机服役期间一共坠毁了36架，不过并没有人员死亡。其中弹射座椅工作33次，全部弹射成功，包括18次自动弹射，13次手动弹射。

俄罗斯苏-33战斗机

制造商：苏霍伊设计局
服役时间：1998年至今
舰载机类型：单座双发战斗机
动力装置：2台土星AL-31F3发动机
固定武器：1门30毫米GSh-301机炮
总产量：35架

基本参数	
机身长度	21.94米
机身高度	5.93米
翼展	14.7米
空重	18400千克
最高速度	2300千米/小时

苏-33战斗机是苏霍伊设计局在苏-27战斗机基础上研制的单座双发多用途舰载机，北约代号为"侧卫"D（Flanker-D）。

苏-33战斗机的机身结构与苏-27战斗机基本相同，都由前机身、中央翼和后机身组成。该机增大了主翼面积，且为满足舰载机采用拦阻方式着舰时所需要承受的5g纵向过载，对机身主要承力结构进行了大幅加强。前起落架支柱直接与机身主承力结构连接，加强了前起落架的结构强度，并且改用了双前轮。主起落架直接连接在机身侧面的尾梁上，通过加强的结构和液压减振系统，使主起落架可以承受在舰上拦阻着陆时6~7米/秒的下沉率。为了避免飞离甲板的瞬间机身过重而翻覆，起飞时不能满载弹药和油料，这成为苏-33战斗机的致命缺陷。

苏-33战斗机装有1门30毫米GSh-301机炮，备弹150发。在执行舰队防空作战任务时，苏-33战斗机主要依靠导弹武器系统进行空中作战，在空对空导弹方面，苏-33战斗机可以使用R-27中距离空对空导弹和R-73近距离格斗空对空导弹。在对海攻击武器方面，苏-33战斗机可以使用Kh-41大型超音速反舰导弹，具有很强的突防能力和抗干扰能力，大装药量的弹头单发命中就可以对大型军舰造成严重破坏。苏-33战斗机还可以使用各种口径的火箭弹和航空炸弹。

小知识

苏-33战斗机是俄罗斯海军"库兹涅佐夫"号航空母舰上的主力舰载机，也是目前世界上最大的舰载战斗机。

俄罗斯米格-29K战斗机

| 制造商：米高扬设计局 |
| 服役时间：2010年至今 |
| 舰载机类型：双发战斗机 |
| 动力装置：2台克利莫夫RD-33K发动机 |
| 固定武器：1门30毫米GSh-30-1机炮 |
| 总产量：81架 |

基本参数	
机身长度	17.37米
机身高度	4.73米
翼展	11.4米
空重	11000千克
最高速度	2400千米/小时

米格-29K战斗机是米高扬设计局研制的舰载全天候多用途战机，北约代号为"支点"D（Fulcrum-D），主要用户为印度海军和俄罗斯海军。

20世纪90年代初，由于俄罗斯海军青睐于苏-27K战斗机（也就是后来的苏-33战斗机），米格-29K一开始只制造了2架原型机，但是米高扬设计局并未因为资金短缺而中断米格-29K战斗机的研发。直到90年代末，因为印度计划购买俄罗斯海军"戈尔什科夫"号航空母舰，米格-29K战斗机被印度海军相中，定为航空母舰的舰载机。俄罗斯海军因从1998年开始服役的苏-33战斗机已逐渐老旧，也订购了一定数量的米格-29K战斗机。

米格-29K战斗机由米格-29M战斗机发展而来，米高扬设计局将其定义为四代战斗机。该机配备多功能雷达并更新了电子显示设备，也配备了"手不离杆"操纵杆。翼下挂载了RVV-AE空对空导弹，也能挂载反舰导弹和反雷达导弹，以及对地精确打击武器。

▲ 米格-29K战斗机

小知识

"手不离杆"的含义是：现代军用作战飞机强调在飞机设计中使用人机工程学，为了飞行员在飞行中尽可能地将精力都投入作战中而尽量降低操作难度，把大部分常用的操作键和开关都布置在驾驶杆和油门操作杆上，这样就可以使飞行员在控制飞机飞行的过程中不必把手拿开就可以完成操作雷达、控制武器等一系列动作，可以大幅度降低飞行员操作难度。

苏联/俄罗斯卡-25直升机

制造商：	卡莫夫设计局
服役时间：	1972年至今
舰载机类型：	双发反潜直升机
动力装置：	2台格鲁申科夫GTD-3F发动机
固定武器：	无
总产量：	460架

基本参数

机身长度	9.75米
机身高度	5.37米
旋翼直径	15.7米
空重	4765千克
最高速度	209千米/小时

卡-25直升机是卡莫夫设计局研制的反潜直升机，北约代号为"激素"（Hormone）。该机的主要型别包括：卡-25A，基本型；卡-25B，电子战型；卡-25C，通用搜索救援型；卡-25K，民用起重型。除装备苏联/俄罗斯军队外，卡-25直升机还出口到印度、保加利亚、叙利亚、越南等国家。

卡-25直升机使用两台涡轮轴发动机，安装在机舱顶部两侧，带动两组三叶共轴旋翼，旋翼相互反向旋转。这样就取消了为抵抗扭转而设置的尾桨。该机的机舱有很充裕的空间。反潜时，可容纳2~3名系统操作员。载客时，可容纳12个折叠椅。该机有自动驾驶仪、导航系统、无线电罗盘、无线电通信设备和全天候飞行用照明系统，反潜型装有搜索雷达、投吊式声呐和拖曳式磁异探测器。

小知识

1961年7月，卡-25直升机的原型机在苏联航空节上进行了首次飞行表演。

苏联/俄罗斯卡-27直升机

制造商：卡莫夫设计局

服役时间：1982年至今

舰载机类型：反潜直升机

动力装置：2台克利莫夫TV3-117V发动机

固定武器：无

总产量：267架

基本参数

机身长度	11.3米
机身高度	5.5米
旋翼直径	15.8米
空重	6500千克
最高速度	270千米/小时

　　卡-27直升机是卡莫夫设计局研制的反潜直升机，北约代号为"蜗牛"（Helix）。该机的设计工作始于1970年，第一架原型机于1973年12月首次试飞。1982年，卡-27直升机正式服役。

　　卡-27直升机的机身采用传统的半硬壳式结构，机身两侧带有充气浮筒，紧急情况下可在水上降落。为适应在海上使用，机身材料采用抗腐蚀金属。由于共轴双旋翼的先进性能，卡-27直升机的升重比高，总体尺寸小，机动性好，易于操纵。此外，卡-27直升机的零件要比传统设计的直升机少1/4，且大多数与苏联/俄罗斯陆基直升机相同。对于卡-27直升机的飞行员来说，最好的事情就是卡-27直升机没有尾桨，因此他们的脚无须踩在踏板上控制尾桨，可以在需要的时候站起来观察。

　　由于卡-27直升机是以反潜型来设计的，所以只装备了机腹鱼雷、深水炸弹及其他基础武器。该机装有自动驾驶仪、飞行零位指示器、多普勒悬停指示器、航道罗盘、大气数据计算机，以及360度搜索雷达、多普勒雷达、深水声呐浮标、磁异探测器、红外干扰仪和干扰物投放器等航空电子设备。

小知识

　　由于要求使用相同的机库，卡-27直升机被要求具备与卡-25直升机相似的外观尺寸。

英国"弯刀"战斗机

"弯刀"（Scimitar）战斗机是超级马林公司研制的舰载双发喷气式战斗机，主要用户为英国海军。

"弯刀"战斗机采用中单翼设计，机翼在1/4弦线处的后掠角度是45度，机翼可以向上折叠，以节省在航空母舰上的储存与操作空间。机翼前端是同样长度的前缘襟翼，为了降低降落速度与保持良好的低速控制，还进一步使用"边界层控制"技术。该机的发动机位于机身两侧，有各自的进气口和进气道负责提供稳定的气流。

"弯刀"战斗机的固定武器为4门30毫米"阿登"机炮，安装在两边进气口的下方，每门备弹160发。射击后的弹壳会送回机身内部储存，以免在抛出的过程中损伤机身结构。该机还可在机翼下的4个挂架上挂载各种弹药或副油箱。

制造商：超级马林公司
服役时间：1957~1969年
舰载机类型：单座双发战斗机
动力装置：2台罗尔斯·罗伊斯埃文202发动机
固定武器：4门30毫米"阿登"机炮
总产量：76架

基本参数

机身长度	16.84米
机身高度	5.28米
翼展	11.33米
空重	10869千克
最高速度	1185千米/小时

英国"海雌狐"战斗机

"海雌狐"（Sea Vixen）战斗机是德·哈维兰公司研制的舰载双发喷气式战斗机，也是英国海军航空兵第一种后掠翼、具有完整武器系统、以导弹为主要武器的舰载战斗机。

"海雌狐"战斗机沿袭了德·哈维兰公司自"吸血鬼"战斗机以来的双尾梁布局，主要目的是尽量缩短发动机进气道和喷气管长度，以减少气流在这些部位的能量损失。同时，也可以使两台发动机靠得较近，单发动机飞行时不会有太大的推力不对称，两头固定的尾翼也不容易在高速飞行时发生震颤。双尾梁布局的飞机生存力较强，就算损毁了一侧尾梁仍能勉强飞回基地。

"海雌狐"战斗机没有安装固定武器，其机翼挂架最多可携带4枚"火光"短程空对空导弹，或者907千克炸弹（包括"红胡子"自由落体核弹），机头下还有4具火箭弹发射装置，内部有18枚68毫米空对空火箭弹。

制造商：德·哈维兰公司
服役时间：1959~1972年
舰载机类型：双座双发战斗机
动力装置：2台罗尔斯·罗伊斯Mk 208发动机
固定武器：无
总产量：145架

基本参数

机身长度	16.94米
机身高度	3.28米
翼展	15.54米
空重	12680千克
最高速度	1110千米/小时

英国"海鹞"战斗/攻击机

| 制造商：英国宇航公司 |
| 服役时间：1978~2016年 |
| 舰载机类型：单座单发战斗/攻击机 |
| 动力装置：1台罗尔斯·罗伊斯"珀加索斯"发动机 |
| 固定武器：2门30毫米"阿登"机炮 |
| 总产量：98架 |

基本参数

机身长度	14.27米
机身高度	3.63米
翼展	7.7米
空重	6140千克
最高速度	1176千米/小时

"海鹞"（Sea Harrier）战斗/攻击机是英国宇航公司研制的垂直/短距起降多用途战机，由霍克·西德利"鹞"式战斗机发展而来。该机的主要用户为英国海军和印度海军，英国曾试图将其推销给其他使用轻型航空母舰的国家，但难以与美国研发改进的AV-8B"海鹞"Ⅱ攻击机抗衡。

英国海军给"海鹞"战斗/攻击机的作战任务是：远程海上巡逻和舰队防空（高空最大作战半径为740千米）；对海上和地面目标进行攻击（最大作战半径约450千米）；侦察和反潜（低空能飞行1小时，搜索海域70000平方千米）。"海鹞"战斗/攻击机在每侧机翼下有2个挂架，机身中心线下有1个挂架，可挂载3630千克外挂物。

小 知 识

1982年4月英国和阿根廷之间的马岛战争爆发时，英军订购的34架"海鹞"战斗/攻击机已到货31架，这31架中有20架编入英军特遣舰队，8架作为预备机，3架留在本土作为训练用。

英国"塘鹅"反潜机

制造商:	费尔雷公司
服役时间:	1953~1978年
舰载机类型:	三座单发反潜机
动力装置:	1台阿姆斯特朗·西德利ASMD 1发动机
固定武器:	无
总产量:	348架

基本参数

机身长度	13米
机身高度	4.19米
翼展	16.56米
空重	6835千克
最高速度	500千米/小时

"塘鹅"(Gannet)反潜机是费尔雷公司研制的单发舰载反潜机,其研制工作始于二战末期,当时由费尔雷和布莱克本两家公司投标,最后费尔雷公司的设计胜出并命名为"塘鹅"。该机于1949年9月首次试飞,1953年开始批量制造,同年11月起被部署在"皇家方舟"号和"鹰"号航空母舰上。除了作为反潜机外,"塘鹅"后来也推出了预警机型号和教练机型号。到1959年停产时,"塘鹅"系列一共制造了348架(反潜型有303架)。除装备英国海军外,德国海军、澳大利亚海军、印度尼西亚海军也有采用。

"塘鹅"反潜机装有闪光信号弹、声呐和机载雷达,在其机腹弹舱中,可一次挂装2枚鱼雷加3枚深水炸弹,或3枚深水炸弹加2枚水雷,或1枚908千克炸弹,或2枚454千克炸弹,或4枚227千克炸弹。此外,"塘鹅"反潜机还可在翼下安装武器挂架以携带火箭弹和声呐浮标。

▲ "塘鹅"反潜机

小知识

由于"塘鹅"反潜机装备大型发动机,导致机体"肥胖臃肿",看起来颇像一只笨拙的大鹅,因此被定名为"塘鹅",还有人说它堪称"世界上最丑陋的军用飞机"。

法国"阵风"M战斗机

制造商：	达索航空公司
服役时间：	2002年至今
舰载机类型：	双发战斗机
动力装置：	2台史奈克玛M88-2发动机
固定武器：	1门30毫米GIAT 30机炮
总产量：	44架

基本参数

机身长度	15.27米
机身高度	5.34米
翼展	10.8米
空重	9500千克
最高速度	2130千米/小时

"阵风"M（Rafale M）战斗机是达索航空公司研制的舰载双发三角翼战斗机，主要使用者为法国海军。

"阵风"M战斗机采用三角形机翼，加上近耦合前翼（主动整合式前翼），以及先天不稳定气动布局，以达到高机动性，同时保持飞行稳定性。机身为半硬壳式，前半部分主要使用铝合金制造，后半部分则大量使用碳纤维复合材料。该机的进气道位于下机身两侧，可有效改善进入发动机进气道的气流，从而提高大迎角时的进气效率。起落架为前三点式，可液压收放在机体内部。

"阵风"M战斗机共有13个外挂点，其中5个用于加挂副油箱和重型武器，总外挂能力在9000千克以上。该机的固定武器为1门30毫米机炮，最大射速为2500发/分钟。"阵风"M战斗机有着非常出色的低速可控性，降落速度可低至213千米/小时，这对航空母舰起降非常重要。

▲ "阵风"M战斗机

小 知 识

2012年7月2日，在地中海联合演习期间，"夏尔·戴高乐"号航空母舰上的一架"阵风"M战斗机在与美国F/A-18战斗/攻击机缠斗时坠入地中海，飞行员由美国"德怀特·D.艾森豪威尔"号航空母舰的搜救直升机救出。

法国"超军旗"攻击机

制造商：达索航空公司

服役时间：1978~2016年

舰载机类型：单发攻击机

动力装置：1台斯奈克玛"阿塔"8K-50发动机

固定武器：2门30毫米"德发"机炮

总产量：85架

"超军旗"（Super Étendard）攻击机是法国达索航空公司研制的单发舰载攻击机，主要用户为法国海军和阿根廷海军。

"超军旗"攻击机采用45度后掠角中单翼设计，机身为全金属半硬壳式结构，翼尖可以折起，机身呈蜂腰状。中机身两侧下方有带孔的减速板。减速伞在垂尾与平尾后缘连接处的整流罩内，只有在地面机场降落时才使用。主起落架和前起落架均为单轮，前轮向后收，主轮则向内收入机翼与机身。

"超军旗"攻击机的固定武器是2门30毫米"德发"机炮，分别备弹125发。全机有5个外挂点，机腹中线外挂点可携带590千克外挂物，两个翼下外侧外挂点的挂载能力为1090千克，两个翼下内侧外挂点的挂载能力为450千克。在执行攻击任务时，其武器携带方案为6枚250千克炸弹（机腹挂架挂载2枚），或4枚400千克炸弹（全由翼下挂架挂载），或4具LRI-50火箭发射巢（每具可容纳18枚68毫米火箭弹）。此外，还可根据需要挂载"飞鱼"空对舰导弹和副油箱等。

▲ "超军旗"攻击机

基本参数	
机身长度	14.31米
机身高度	3.85米
翼展	9.6米
空重	6460千克
最高速度	1180千米/小时

小知识

1982年马岛战争期间，阿根廷使用"超军旗"攻击机发射"飞鱼"导弹击沉英国"谢菲尔德"号驱逐舰和"大西洋运输者"号运输船，使得这种原本藉藉无名的飞机名噪一时。

法国"贸易风"反潜机

"贸易风"反潜机是布雷盖公司研制的舰载单发反潜机，主要用户为法国海军和印度海军。

"贸易风"反潜机装有1台螺旋桨发动机，功率为4225千瓦。该机的最高飞行速度为518千米/小时，巡航速度为465千米/小时，爬升率为8米/秒，实用升限为7600米，最大航程为2500千米，作战半径为850千米。

"贸易风"反潜机的最大起飞质量为8200千克，驾驶舱内有3名机组人员，即驾驶员、雷达操作员和反潜武器操作员。该机没有安装固定武器，主要反潜武器有鱼雷、反舰导弹、68毫米及127毫米火箭吊舱。法国海军的"贸易风"反潜机从1957年起部署在"克莱蒙梭"号和"福熙"号两艘航空母舰上。2000年，"福熙"号航空母舰从法国海军退役后，"贸易风"反潜机也随之退役。

制造商：布雷盖公司	基本参数	
服役时间：1957~2000年	机身长度	13.86米
舰载机类型：单发反潜机	机身高度	5米
动力装置：1台罗尔斯·罗伊斯"飞镖"发动机	翼展	15.6米
固定武器：无	空重	5700千克
总产量：89架	最高速度	518千米/小时

日本"零"式战斗机

"零"式（Zero）战斗机是三菱重工研制的单座单发平直翼活塞式舰载战斗机，也是日本在二战期间装备的主力舰载战斗机。该机是日本有史以来产量最大的战斗机，主要研发人为该公司的设计主任堀越二郎，并由三菱重工与中岛飞机公司两家共同生产。

"零"式战斗机代表了二战前日本航空工业的最高水平。该机曾经在二战初期产生所谓的"零"式战斗机神话，被视为不可能被击败的无敌战机，但后来其性能逐渐被美军服役的新式战机超越，到二战后期时已经沦为美军战斗机争相"猎杀"的目标。

"零"式战斗机的主要优点包括：非常低的翼负荷，带来优异的水平面回转能力；比同时期战机更高的航程；中高度以下良好的爬升率；火力较强的20毫米机炮。

制造商：三菱重工、中岛飞机公司	基本参数	
服役时间：1940~1945年	机身长度	9.06米
舰载机类型：单座单发战斗机	机身高度	3.05米
动力装置：1台中岛NK1C Sakae-12发动机	翼展	12米
固定武器：2挺7.7毫米机枪、2门20毫米机炮	空重	1680千克
总产量：10939架	最高速度	660千米/小时

参考文献

[1]哈钦森. 简氏军舰识别指南[M]. 北京：希望出版社，2003.

[2]于向昕. 航空母舰[M]. 北京：海洋出版社，2010.

[3]相天. 近距离透视航空母舰[M]. 北京：金城出版社，2011.

[4]现代舰船杂志社. 世界航空母舰实录[M]. 北京：航空工业出版社，2010.

[5]陈艳. 彩色图说青少年必知的武器系列：航空母舰[M]. 北京：北京工业大学出版社，2013.

[6] [英]克里斯·比晓普，克里斯·钱特. 当代航空母舰和舰载机[M]. 姚宗杰，译. 北京：中国市场出版社，2013.